每一门老手艺背后都是一次次融于血液的传承，
施色、布线、裁体和造型正是手艺人用来铭记
历史与祖先的方式。
手艺人从不忘本，只有谦卑与从容。

一日一历·老手艺

主编 左汉中

湖南美术出版社

印

早在旧石器时代，原始先民就在制陶时用绳子在泥胎上压印花纹。在西汉织物中又发现用凸版套印加工的泥金银印花纱。雕版印刷最早是我国发明的，民间木刻版画在明清两代已经体现出高超的印刷水平。

绘

作为一种绘画手段，最早见于原始彩陶的彩绘纹饰。在民间美术中应用极广，除民间炕围画、灶画、地画、水陆画、陶瓷绘画外，还有木版年画中半印半画的绘制部分，泥、木玩具的开脸设色和一切平面造型的原稿描绘，等等。

January
February
March

施色

P r i n t

D r a w

Folk Art Calendar 2018

开岁

农历一月

开岁发春兮，
百卉含英。

January

壹月

㊐	㊊	㊋	㊌	㊍	㊎	㊏
日	一	二	三	四	五	六
	1	2	3	4	5 小寒	6
7	8	9	10	11	12	13
14	15	16	17	18	19	20 大寒
21	22	23	24	25	26	27
28	29	30	31			

月曜

MON JANUARY

元旦

农历冬月十五◆星期一

丁酉年
壬子月
癸巳日

宜

祭祀 塑绘
开光 裁衣
冠笄 嫁娶
纳彩 拆卸
修造 动土
竖柱 上梁
安床 移徙
入宅

忌

出行
开市
修坟
安葬

火曜

TUE JANUARY

2

农历冬月十六◆星期二

丁酉年
壬子月
甲午日

宜

坏垣 求医
破屋 祭祀
余事勿取

忌

诸事不宜

水曜

3

WED JANUARY

农历冬月十七◆星期三

丁酉年 壬子月 乙未日

忌

栽种 安门 治病 作灶 开光

宜

移徙 祈福 移柩 冠笄 斋醮 除服

出行 入宅 安床 祭祀 安香 成服 安机械

木曜

4

THU JANUARY

农历冬月十八◆星期四

丁酉年 壬子月 丙申日

忌

诸事不宜

宜

入殓 出行 移徙 谢土 成服 立碑 斋醮

拆卸 移柩 解除 修坟 塑绘 除服 造船

木刻版画 赵公明燃灯道人年画 | 河南朱仙镇

赵公明与燃灯道人同是《封神演义》小说中的两位神仙。左方骑虎扬鞭、手托定海珠的是赵公明，右方骑梅花鹿、手托如意、高举量天尺的是燃灯道人。图为赵公明祭起金蛟剪，欲斩断燃灯道人坐骑梅花鹿的战斗情景，是贴在大门上的两幅年画。故事详见《封神演义》第四十七回。

·画图数九·

曜 金

一月

FRI JANUARY 2018

小寒

丁酉年 癸丑月 丁酉日

星期五

农历冬月十九

宜：祭祀 修坟 成服 立碑 斋醮 安葬 入殓 除服 破土

忌：嫁娶 入宅 纳彩 订盟 作灶

十二月节，月初寒尚小，故云。

土曜

6

SAT JANUARY

农历冬月二十◆星期六

丁酉年
癸丑月
戊戌日

宜
祭祀
斋醮
纳财
捕捉
畋猎

忌
市
娶
宅
床
葬
土
开
嫁
入
安
安
破

民间绘画　新春大吉帖子｜　陕西西安

春帖也作春联、福帖，粤语称“挥春”，闽南语称“春仔”，是一种在春节时使用的汉族传统节日装饰物，把贺年的吉利字词用漂亮的书法写在纸上而成，一般是贴在墙、门之上，在中国、朝鲜半岛和越南，每逢过年人们都会贴春帖，以增加节日的喜庆气氛。其中写成对联的又叫春联，但在有些地区，“春联”也是各种春帖的统称，而有些地区又把条状、不成对的春帖称为“春条”。

曜 日

SUN JANUARY 2018

一月

七日

星期日

丁酉年 癸丑月 己亥日

农历冬月廿一

宜

彩福 纳祈 养醮 牧斋 井嗣 掘求

入学 订盟 祭祀 沐浴 治病 开池

会亲友 造畜稠 进人口

忌

娶宅 嫁入 葬丧 安行 帐合

月曜
MON JANUARY
8

丁酉年
癸丑月
庚子日

农历冬月廿二◆星期一

忌
开市
动土
破土
嫁娶
入宅
置产
栽种
开光

宜
祭祀 安葬
交易 纳财
祈福 沐浴
入殓 修坟
移柩 问名
立碑 求嗣
谢土
造畜稠
教牛马

火曜
TUE JANUARY
9

丁酉年
癸丑月
辛丑日

农历冬月廿三◆星期二

忌
安葬
行丧
破土
入宅
动土
嫁娶
出行

宜
解除 祭祀
会亲友
造畜稠
教牛马
余事勿取

水曜

10

WED JANUARY

农历冬月廿四◆星期三

丁酉年
癸丑月
壬寅日

忌

出行
祭祀
安葬
纳彩
订盟
作灶
开市
纳畜
谢土

宜

动土
安床
拆卸
出火
移徙
解除
成服
入殓
栽种
修造
除服
入宅
嫁娶
修坟
开光
进人口

木曜

11

THU JANUARY

农历冬月廿五◆星期四

丁酉年
癸丑月
癸卯日

忌

作灶
挂匾
上梁
祈福
词讼
作梁
入宅
动土
开池

宜

出行
安床
起基
栽种
移柩
立券
纳财
交易
嫁娶
入殓
安葬

一月◆老手艺

金曜

12

FRI JANUARY

农历冬月廿六◆星期五

丁酉年
癸丑月
甲辰日

忌

嫁娶
探病
安葬
开光
造船
开仓
出货财

宜

平治道涂
余事勿取

土曜

13

SAT JANUARY

农历冬月廿七◆星期六

丁酉年
癸丑月
乙巳日

忌

出行
开市
安葬
行丧

宜

祭祀 嫁娶
起基 安香
出火 定磉
造屋 挂匾
订盟 安床
入宅 移徙
安机械
会亲友

木刻版画　福禄寿三星｜　广东

“三星“即福、禄、寿三星，从左往右依次为：福星、禄星、寿星，寓意三星在户。

曜 日

SUN JANUARY 2018

一月

十四

丁酉年 癸丑月 丙午日

星期日

农历冬月廿八

忌

嫁娶 纳彩 开市 订盟 造屋 安门 上梁 斋醮

宜

甲子 沐浴 入殓 捕捉 除服 破土 畋猎

整手 理发 安葬 修坟 成服 立碑 谢土

月曜

15

MON JANUARY

农历冬月廿九◆星期一

丁酉年
癸丑月
丁未日

宜

破屋 坏垣
祭祀
余事勿取

忌

嫁娶
开市
斋醮

火曜

16

TUE JANUARY

农历冬月三十◆星期二

丁酉年
癸丑月
戊申日

宜

开市 纳财
交易 立券
开仓 栽种
沐浴 纳畜
安葬 牧养
破土 入殓
出货财

忌

祈福
嫁娶
安床
入宅
造船

水曜

17

WED JANUARY

农历腊月初一◆星期三

丁酉年
癸丑月
己酉日

宜

解除 沐浴
祭祀 补垣
塞穴 断蚁
余事勿取

忌

造庙
入宅
嫁娶
修造
安葬
行丧

木曜

18

THU JANUARY

农历腊月初二◆星期四

丁酉年
癸丑月
庚戌日

宜

嫁娶 订盟
纳财 祭祀
问名 裁衣
冠笄 作灶
纳彩
会亲友
进人口

忌

开市
安床
安葬
修坟

金曜

19

FRI JANUARY

农历腊月初三◆星期五

丁酉年
癸丑月
辛亥日

宜

沐浴 订盟
交易 开市
纳彩 立券
祭祀 作梁
开光 出火
塑绘 竖柱
上梁 斋醮
造畜稠
会亲友

忌

造庙
出行
嫁娶
动土
安葬
行丧

民间绘画　水仙花花神杯　瓷

土 曜

SAT JANUARY 2018

一月

大寒

星期六

丁酉年 癸丑月 壬子日

农历腊月初四

忌

开光 嫁娶 开市 动土 破土

宜

立券 安床 安葬 启攒 成服 移柩 修坟 交易 纳财 裁衣 谢土 除服 立碑 入殓 造畜稠

·尾牙祭·

大寒为中者，上形于小寒，故谓之大。

彩绘画　马吃草｜　陕西宜君

曜 日

SUN JANUARY 2018

一月

廿一

星期日

丁酉年
癸丑月
癸丑日

农历腊月初五

忌
破土
动土
安葬

宜
解除 祭祀
会亲友
教牛马
余事勿取

月曜

MON JANUARY

22

农历腊月初六◆星期一

丁酉年 癸丑月 甲寅日

宜

纳彩 订盟 移徙 纳财 开市 交易 立券 入宅 解除 求医 治病 入学 安床 安门 会亲友

忌

探病 祭祀 上梁 造屋 谢土 出行 安葬

火曜

TUE JANUARY

23

农历腊月初七◆星期二

丁酉年 癸丑月 乙卯日

宜

嫁娶 纳彩 订盟 求嗣 祭祀 祈福 解除 出行 开市 交易 入学 纳财 立券 习艺 会亲友

忌

开光 入宅 动土

水曜

腊八

WED JANUARY

农历腊月初八◆星期三

丁酉年
癸丑月
丙辰日

忌
造庙
入宅
移徙
作灶
治病
安葬

宜
祭祀 冠笄
裁衣 结网
嫁娶
会亲友
进人口
平治道涂

·吃冰·祭祀·食腊八粥·

腊月最重大的节日，是腊月初八的『腊日』，又称『腊八节』。从先秦开始，它被当作『年节』来看待，在这一天，要祭祀祖先和神灵，祈求丰收和吉祥。

木曜

25

THU JANUARY

农历腊月初九◆星期四

丁酉年
癸丑月
丁巳日

忌
安葬
嫁娶

宜
祭祀 结网
余事勿取

一月◆老手艺

金曜

26

FRI JANUARY

农历腊月初十◆星期五

丁酉年 癸丑月 戊午日

宜

祭祀 沐浴 出行 移徙 畋猎 入宅 成服 嫁娶 裁衣 理发 捕捉 放水 除服 安葬

忌

破土 动土 造屋 开市

土曜

27

SAT JANUARY

农历腊月十一◆星期六

丁酉年 癸丑月 己未日

宜

破屋 坏垣 余事勿取

忌

嫁娶 开市 安葬

木刻版画　百子全图｜　江苏苏州桃花坞

桃花坞是苏州北城工艺美术行业的集中地。明代开始印制年画，康熙年间出现了年画作坊，雍正、乾隆时更为兴盛，重要画店有张星聚、张文聚等。年画表现内容以故事性画面为主，并乐于表现城市面貌与市民生活，采取套色木刻的方法，乾隆时又加强了色彩晕染，风格比较写实，明净强烈。代表作品有《苏州阊门图》《花果山猴王开操》《百子全图》等。

日 曜

SUN JANUARY 2018

一月

廿八

星期日

丁酉年 癸丑月 庚申日

农历腊月十二

忌

谢土 安床 造庙 嫁娶 祈福

宜

求嗣 祭祀 塑绘 扫舍 裁衣 挂匾 开池 订盟 纳彩 出火 拆卸 入学 造仓 掘井 会亲友

一月◆老手艺

月曜

29

MON JANUARY

农历腊月十三◆星期一

丁酉年 癸丑月 辛酉日

宜

入殓 除服
成服 移柩
安葬 修坟
立碑

忌

开市
伐木
作梁
嫁娶

火曜

30

TUE JANUARY

农历腊月十四◆星期二

丁酉年 癸丑月 壬戌日

宜

祭祀 作灶
入殓 除服
余事勿取

忌

开市
安床

水曜

31

WED JANUARY

农历腊月十五◆星期三

丁酉年

癸丑月

癸亥日

忌

入殓 嫁娶 出行 安葬

宜

开光 作社 放水

塑绘 冠笄 沐浴 会亲友 造畜稠

仲春

农历二月

日中星鸟，
以殷仲春。

February

贰月

◐ 日	月	火	水	木	金	土 ◐
日	一	二	三	四	五	六
				1	2	3
4 立春	5	6	7	8	9	10
11	12	13	14	15	16	17
18	19 雨水	20	21	22	23	24
25	26	27	28			

二月◆老手艺

木曜

1

THU FEBRUARY

农历腊月十六◆星期四

丁酉年

癸丑月

甲子日

忌

嫁娶
开仓
移徙
入宅

宜

祭祀 沐浴
祈福 斋醮
订盟 纳彩
裁衣 拆卸
起基 竖柱
上梁 安床
入殓 除服
成服

金曜

2

FRI FEBRUARY

农历腊月十七◆星期五

丁酉年

癸丑月

乙丑日

忌

诸事不宜

宜

解除 祭祀
余事勿取

·世界湿地日·

·祭窑神·

窑神是煤窑之神，也称窑王爷，指主宰砖瓦窑的神灵，汉族民间信奉的神之一。每年的腊月十八日是窑神的生日，也是祭奠窑神的节日。中国西安碑林有一块矮小的石碑叫『德应侯碑』，是中国最早的窑神碑。

土曜

SAT FEBRUARY

3

农历腊月十八◆星期六

丁酉年
癸丑月
丙寅日

宜

解除 纳彩 冠笄 修造 移徙 除服 移柩 沐浴
订盟 裁衣 拆卸 动土 入宅 成服 破土

忌

上梁 作灶 祭祀 出行

民间绘画　五彩雉鸡花卉笔筒　瓷

曜 日

SUN FEBRUARY 2018

二月

立春

星期日

丁酉年 甲寅月 丁卯日

农历腊月十九

忌

移徙 入宅 出火 作灶 掘井

宜

祭祀 祈福 求嗣 开光 嫁娶 出行 解除 伐木 拆卸 安床 动土 起基 上梁 栽种 进人口

·演春·咬春·鞭春牛·

立，始建也。春气始而建立也。

月曜

MON FEBRUARY

5

农历腊月二十◆星期一

丁酉年
甲寅月
戊辰日

宜

冠笄 安床
祭祀 祈福
求嗣 经络
会亲友
安机械

忌

嫁娶
开市
安葬
动土
作灶

火曜

TUE FEBRUARY

6

农历腊月廿一◆星期二

丁酉年
甲寅月
己巳日

宜

作灶 解除
平治道涂
余事勿取

忌

祭祀
安葬
安门
祈福

水曜

7

WED FEBRUARY

农历腊月廿二◆星期三

丁酉年
甲寅月
庚午日

宜

祭祀 冠笄
置产 嫁娶
修饰垣墙

忌

经络
探病
作灶
动土
造屋

木曜

小年

THU FEBRUARY

农历腊月廿三◆星期四

丁酉年
甲寅月
辛未日

宜

祭祀 嫁娶
祈福 纳彩
移徙 破土
安葬 出行
动土 修造

忌

开市
入宅
斋醮

· 备年货 ·

小年在各地有不同的概念和日期，北方地区是腊月二十三，部分南方地区是腊月二十四。

·扫尘·

民谚称『腊月二十四，掸尘扫房子』。举行过祭灶后，便正式地开始做迎接过年的准备。扫尘就是年终大扫除，北方称『扫房』，南方叫『掸尘』。在春节前扫尘，是中国人民素有的传统习惯。

·接玉皇·

·照田蚕·

·赶乱岁·

二月◆老手艺

金曜

9

FRI FEBRUARY

农历腊月廿四◆星期五

丁酉年
甲寅月
壬申日

忌

嫁娶
安葬

宜

祭祀 解除
扫舍 理发
沐浴 破屋
坏垣
余事勿取

土曜

10

SAT FEBRUARY

农历腊月廿五◆星期六

丁酉年
甲寅月
癸酉日

忌

造船
安床
作灶
会亲友

宜

纳彩 订盟
安香 出火
修造 出行
祭祀 祈福
开市 移徙
安葬 破土
入宅 动土

民间绘画　多福多寿扑灰年画｜　山东高密

曜日

SUN FEBRUARY 2018

二月

十一

星期日

丁酉年 甲寅月 甲戌日

农历腊月廿六

忌

嫁娶 入宅 移徙 安门 安葬

宜

塞穴 结网 取渔 畋猎

·割年肉·

腊月二十六，杀猪割年肉。

月曜

12

MON FEBRUARY

丁酉年 甲寅月 乙亥日

农历腊月廿七◆星期一

宜

祭祀 纳彩 祈福 出行 修造 动土 移徙 入宅 会亲友

忌

嫁娶 开市 安葬 破土

·洗浴·

传统民俗中在这天要集中地洗澡、洗衣，除去一年的晦气，准备迎接来年的新春，京城有『二十七洗疚疾，二十八洗邋遢』的谚语。腊月二十六洗浴为『洗福禄』。

火曜

13

TUE FEBRUARY

丁酉年 甲寅月 丙子日

农历腊月廿八◆星期二

宜

纳彩 嫁娶 祭祀 祈福 出行 开市 动土 破土 会亲友

忌

移徙 入宅 出火 安门 安葬

·打糕·

·蒸馍·

·贴花花·

水曜

14

WED FEBRUARY

农历腊月廿九◆星期三

丁酉年
甲寅月
丁丑日

宜

祭祀 祈福
求嗣 斋醮
入殓 除服
成服 移柩
安葬

忌

嫁娶
动土
开光
造屋
破土

·情人节·

木曜

除夕

THU FEBRUARY

农历腊月三十◆星期四

丁酉年
甲寅月
戊寅日

宜

纳彩 竖柱
上梁 立券
入殓 移柩
安葬
会亲友

忌

祭祀
移徙
入宅
动土
破土

·贴门神·

·守岁·

·拜年·压岁钱·

春节时，晚辈要给长辈拜年，祝长辈长寿安康，长辈可将事先准备好的压岁钱分给晚辈。据说压岁钱可以压住邪祟，因为『岁』与『祟』谐音，晚辈得到压岁钱就可以平平安安度过一岁。

金曜

春节

FRI FEBRUARY

农历正月初一◆星期五

戊戌年
甲寅月
己卯日

忌
光
开
娶
嫁
灶
作
井
掘
畜
纳

宜
福
祈
行
出
券
立
徙
移
土
破
祀
祭
醮
斋
市
开
土
动
宅
入
葬
安

土曜

17

SAT FEBRUARY

农历正月初二◆星期六

戊戌年
甲寅月
庚辰日

忌
市
开
土
动
葬
安
土
破

宜
发
理
网
结
光
开
嗣
求
笄
冠
捉
捕
发
理
会亲友

木刻版画　文武财神献宝｜　河北武强

曜 日

SUN FEBRUARY 2018

二月

十八

星期日

戊戌年 甲寅月 辛巳日

农历正月初三

忌

娶嫁 福祈 井掘 葬安

宜

祭祀

平治道涂

余事勿取

民间绘画　花折枝花果盘　瓷

MON FEBRUARY 2018

月 曜

二月

雨水

星期一

戊戌年
甲寅月
壬午日

农历正月初四

忌

置产 造屋 合脊 开光 探病 安门 作灶

宜

求嗣 纳彩 伐木 动土 入宅 除服 开市
祈福 斋醮 嫁娶 修造 移徙 入殓 造庙 安机械

·占稻色·接雨水·

仲春之月，始雨水，桃始华。

火曜

20

TUE FEBRUARY

农历正月初五◆星期二

戊戌年
甲寅月
癸未日

宜

入学 习艺
出行 纳彩
订盟 嫁娶
牧养 捕捉
入殓 移柩
安葬
会亲友
进人口

忌

开光
开市
入宅
动土
造屋

·祭财神·

南方人在正月初五祭财神。民间传说，财神即五路神。所谓五路，指东西南北中，意为出门五路，皆可得财。

水曜

21

WED FEBRUARY

农历正月初六◆星期三

戊戌年
甲寅月
甲申日

宜

祭祀 沐浴
求医 治病
扫舍 破屋
坏垣 解除
余事勿取

忌

入宅
开市
安葬

·送穷·

正月初六『送穷』，是我国古代民间一种很有特色的岁时风俗。其意就是祭送穷鬼（穷神）。

木曜

22

THU FEBRUARY

农历正月初七◆星期四

戊戌年 甲寅月 乙酉日

宜

祭祀 嫁娶 修造 起基 造屋 开市 塞穴 除服
冠笄 拆卸 动土 上梁 入宅 开池 入殓

忌

安床 栽种 治病 作灶

金曜

23

FRI FEBRUARY

农历正月初八◆星期五

戊戌年 甲寅月 丙戌日

宜

祭祀 入殓 成服 安葬
结网 除服 移柩 破土

忌

余事勿取

土曜

24

SAT FEBRUARY

农历正月初九◆星期六

戊戌年 甲寅月 丁亥日

宜

塑绘 祈福 订盟 裁衣 拆卸 动土 安门 移徙 开光 求嗣 纳彩 冠笄 修造 起基 安床

忌

伐木 作灶 安葬 取渔 入宅

木刻版画　日日进财　年年添丁年画｜　福建泉州

福建年画产地主要集中于漳州、泉州、福鼎、福安等地，风格上亦各不同，泉州在宋代时雕版印刷已很发达，至明清仍不衰。泉州年画制作基本上是水印套色，风格上与福建元明书籍版画有继承关系。

日 曜

SUN FEBRUARY 2018

二月

廿五

星期日

戊戌年 甲寅月 戊子日

农历正月初十

忌

安葬 上梁 入宅 作灶

宜

沐浴 塑绘 求嗣 纳彩 裁衣 动土 成服

祭祀 开光 祈福 订盟 冠笄 嫁娶 除服 移柩

日
進
財

一年年添丁

二月◆老手艺

月曜

26

MON FEBRUARY

农历正月十一◆星期一

戊戌年
甲寅月
己丑日

忌

出行
嫁娶
入宅
动土

宜

祭祀 祈福
求嗣 酬神
裁衣 安床
立券 交易
入殓 除服
成服 移柩
谢土

火曜

27

TUE FEBRUARY

农历正月十二◆星期二

戊戌年
甲寅月
庚寅日

忌

祭祀
祈福
移徙
嫁娶
入宅

宜

裁衣 合帐
入殓 除服
成服 纳财
会亲友

水曜

28

WED FEBRUARY

农历正月十三◆星期三

戊戌年
甲寅月
辛卯日

宜

祭祀 斋醮
裁衣 合帐
纳彩 嫁娶
冠笄 订盟
入宅 安香
谢土 入殓
移柩 破土
立碑

忌

掘井

桃月

农历三月

三月桃花粉面羞。

March

叁月

◐ ㊐ ㊊ ㊋ ㊌ ㊍ ㊎ ㊏ ◐

日	一	二	三	四	五	六
				1	2	3
4	5 惊蛰	6	7	8	9	10
11	12	13	14	15	16	17
18	19	20	21 春分	22	23	24
25	26	27	28	29	30	31

三月◆老手艺

打灯谜
吃汤圆
走百病

木曜

1

THU MARCH

农历正月十四◆星期四

戊戌年 甲寅月 壬辰日

忌

斋醮 作灶 安葬 安床

宜

入宅 求嗣 纳彩 祭祀 开仓 问名 合帐

金曜

元宵

FRI MARCH

农历正月十五◆星期五

戊戌年 甲寅月 癸巳日

忌

祭祀 祈福 安葬 安门 余事勿取

宜

作灶 平治道涂

国际爱耳日

土曜

3

SAT MARCH

农历正月十六◆星期六

戊戌年 甲寅月 甲午日

宜

开光 塑绘 酬神 斋醮 纳彩 订盟 合帐 裁衣 动土 拆卸 安床 上梁 造庙 安香 挂匾

忌

安葬 栽种 作灶

木刻版画　老鼠嫁女年画｜　四川绵竹

曜 日

SUN MARCH 2018

三月

四日

星期日

戊戌年 甲寅月 乙未日

农历正月十七

忌

栽种 动土 开市 作灶

宜

合帐 移柩 安香 酬神 祈福 纳彩 嫁娶

裁衣 入殓 入宅 祭祀 冠笄 订盟 移徙 安床

民间绘画　鱼藻纹葵花式洗　瓷

元朝时，青花鱼藻纹已甚为盛行，可见于盘、碗，尤以大罐上的最为出色。

月 曜

MON MARCH 2018

三月

惊蛰

星期一

戊戌年 乙卯月 丙申日

农历正月十八

忌

开市 交易 作灶 纳财 上梁 安床 造屋 造船

宜

开光 祈福 出行 入宅 解除 伐木 谢土 嫁娶 祭祀 求嗣 出火 移徙 栽种 破土 安葬

·祭白虎·打小人·

万物山乎震，震为雷，故曰惊蛰。

火曜

TUE MARCH

6

农历正月十九◆星期二

戊戌年
乙卯月
丁酉日

宜

破屋 坏垣
求医 治病
余事勿取

忌

开光
嫁娶

水曜

WED MARCH

7

农历正月二十◆星期三

戊戌年
乙卯月
戊戌日

宜

纳彩 交易
立券 安床
安葬 移柩
动土 破土
立碑
安机械

忌

嫁娶
开光
作灶

·妇女节·

木曜

8

THU MARCH

农历正月廿一◆星期四

戊戌年
乙卯月
己亥日

忌
嫁娶
定磉
安葬
行丧
合寿木

宜
祭祀 祈福
求嗣 斋醮
沐浴 开光
理发 经络
解除 治病
立碑 栽种
牧养 掘井

金曜

9

FRI MARCH

农历正月廿二◆星期五

戊戌年
乙卯月
庚子日

忌
入宅
造屋
竖柱
安葬

宜
纳财 交易
立券 栽种
捕捉 结网
取渔 理发
进人口
教牛马

土曜

10

SAT MARCH

农历正月廿三◆星期六

戊戌年
乙卯月
辛丑日

忌

开市
交易
合帐
安葬

宜

嫁娶
纳彩
祈福
修造
移徙
破土
安门
上梁
订盟
祭祀
出行
动土
入宅
出火
安床

木刻版画　威震山林｜　山东潍坊

曜 日

SUN MARCH 2018

三月

十一

星期日

戊戌年
乙卯月
壬寅日

农历正月廿四

忌
嫁娶 祈福 出火 入宅

宜
立券 修造 破土 安葬
冠笄 交易 动土 入殓 安机械

月曜

12

MON MARCH

戊戌年
乙卯月
癸卯日

农历正月廿五◆星期一

宜

祭祀 交易 立券 出行 冠笄 纳财 会亲友

忌

嫁娶 动土 掘井 起基 破土 定磉

·吃干饭·喝面汤·

·植树节·

·填仓节·

正月二十五，俗称填仓节，是仓王爷的生日。这是汉族民间一个象征新年五谷丰登的节日。『填仓节』因『填』与『天』谐音，亦称为『天仓节』，民间有『老天仓』与『小天仓』之分。农历正月二十为『小天仓』，正月二十五为『老天仓』，所谓填仓，意思是填满谷仓。

火曜

13

TUE MARCH

戊戌年
乙卯月
甲辰日

农历正月廿六◆星期二

宜

祭祀 沐浴 解除 扫舍 塞穴 牧养

忌

嫁娶 安葬 行丧 安门

水曜

14

WED MARCH

农历正月廿七◆星期三

戊戌年
乙卯月
乙巳日

忌

徙移
宅入
种栽

宜

开市 纳财
立券 交易
针灸 开光
安床 理发
结网 造仓
会亲友

木曜

15

THU MARCH

农历正月廿八◆星期四

戊戌年
乙卯月
丙午日

忌

市开
屋造
病治
灶作

宜

冠笄 嫁娶
交易 纳财
置产 立券
会亲友
安机械

·国际消费者权益日·

三月◆老手艺

金曜

16

FRI MARCH

农历正月廿九◆星期五

戊戌年
乙卯月
丁未日

忌

纳畜
理发
合寿木

宜

纳彩 订盟
祭祀 祈福
移徙 入宅
开市 立券
破土 安葬
嫁娶
造车器
安机械

土曜

17

SAT MARCH

农历二月初一◆星期六

戊戌年
乙卯月
戊申日

忌

纳彩
开光
安床
嫁娶
开市

宜

祈福 斋醮
出行 移徙
入宅 修造
动土 破土
安葬

印染　多福多寿多子｜　湖南

曜 日

SUN MARCH 2018

三月

十八

星期日

戊戌年
乙卯月
己酉日

农历二月初二

忌
嫁娶
移徙
开市
入宅

宜
破屋 坏垣
余事勿取

·重农桑·务耕田·

三月◆老手艺

月曜

19

MON MARCH

农历二月初三◆星期一

戊戌年
乙卯月
庚戌日

忌

塑绘
造桥
除服
成服
开光

宜

嫁娶 冠笄
祭祀 出行
修造 动土
入殓 破土
会亲友

火曜

20

TUE MARCH

农历二月初四◆星期二

戊戌年
乙卯月
辛亥日

忌

祈福
嫁娶
安葬
破土

宜

开光 求嗣
出行 纳彩
冠笄 出火
拆卸 起基
修造 动土
上梁 移徙
造船 开市
交易

木刻版画　春象图｜　河北武强

曜 水

WED MARCH 2018

三月

春分

星期三

戊戌年 乙卯月 壬子日

农历二月初五

忌

纳财 开市 安葬 破土

宜

冠笄 针灸 捕捉 理发 嫁娶 栽种 进人口

·春祭·

春分者，阴阳相半也，故昼夜均而寒暑平。

三月◆老手艺

木曜

22

THU MARCH

农历二月初六◆星期四

戊戌年
乙卯月
癸丑日

忌

纳彩
动土
开市
交易

宜

祈福
出行
伐木
起基
架马
移徙
造庙
开光
求嗣
解除
造屋
修造
安门
入宅
除服

·世界水日·

金曜

23

FRI MARCH

农历二月初七◆星期五

戊戌年
乙卯月
甲寅日

忌

祭祀
嫁娶
出行
掘井

宜

经络
破土
修造
上梁
入殓
成服
裁衣
伐木
拆卸
动土
合脊
除服
合寿木
开柱眼

土曜

24

SAT MARCH

农历二月初八◆星期六

戊戌年
乙卯月
乙卯日

宜

祭祀 立券
交易 裁衣
合帐 嫁娶
冠笄
会亲友
进人口

忌

栽种
动土
安葬
掘井
修坟
探病

木刻版画　六合同春｜　天津杨家埠

　　标题和诗歌文辞是年画的组成部分，其内容也独具特色，即出口要吉利，才能合人意。

曜 日

SUN MARCH 2018

三月

廿五

星期日

戊戌年 乙卯月 丙辰日

农历二月初九

忌

诸事不宜

宜

扫舍 塞穴 余事勿取

月曜

MON MARCH

26

农历二月初十◆星期一

丁巳日 乙卯月 戊戌年

宜

开光 塑绘
订盟 纳彩
冠笄 立券
裁衣 合帐
纳财 开市
交易 安床
竖柱
安机械
会亲友

忌

出行
作灶
安葬
入宅

火曜

TUE MARCH

27

农历二月十一◆星期二

戊午日 乙卯月 戊戌年

宜

祭祀 嫁娶
纳婿 除服
成服 入殓
移柩

忌

动土
作灶
入宅
开光
安床

·世界戏剧日·

水曜

28

WED MARCH

农历二月十二◆星期三

戊戌年

乙卯月

己未日

宜

祈福 求嗣
开光 塑绘
斋醮 订盟
纳彩 嫁娶
拆卸 安床
入宅 安香
移柩 修坟
安葬

忌

赴任

木曜

29

THU MARCH

农历二月十三◆星期四

戊戌年

乙卯月

庚申日

宜

祭祀 解除
入殓 除服
成服 移柩
安葬 修坟
立碑 谢土
沐浴 扫舍
捕捉 取渔

忌

安床
嫁娶
作灶
入宅

三月◆老手艺

·赏红·踏青·

花朝节是百花的生日，简称花朝，俗称『花神节』。

金曜

30

FRI MARCH

农历二月十四◆星期五

戊戌年
乙卯月
辛酉日

忌
诸事不宜

宜
破屋 坏垣

土曜

花朝

SAT MARCH

农历二月十五◆星期六

戊戌年
乙卯月
壬戌日

忌
作梁
造庙

宜
作灶
祭祀
安葬
裁衣
动土
移柩
订盟
出行
冠笄
入殓
合帐
安床
破土

织——

利用各种丝线根据经纬原理能织出各种纹样的丝织物。由于受经纬工艺的局限，织锦纹样难以表现出刺绣那种圆润流畅的线条，其造型多以几何状和抽象形出现。

绣——

线的游走全靠针的迂回、手腕的灵巧、指尖的拿捏，组织平面色块和线条可在布面上绣出各种图案纹样。民间刺绣有很多针法，如拉锁子、辫绣、打子绣、补绣、包针绣、纳纱绣、平针、“水路”、钉金、钉线盘金等。

April
May
June

布线

E m b r o i d e r

W e a v e

Folk Art Calendar 2018

清和

农历四月

首夏犹清和，
芳草亦未歇。

April

四月

◐ ㊐ ㊊ ㊋ ㊌ ㊍ ㊎ ㊏ ◐

日	一	二	三	四	五	六
1	2	3	4	5 清明	6	7
8	9	10	11	12	13	14
15	16	17	18	19	20 谷雨	21
22	23	24	25	26	27	28
29	30					

布玩具　公鸡｜　贵州

鸡为司晨之禽，一鸣天下白。有辟邪、镇宅的民俗功能。

日曜

SUN APRIL 2018

四月

一日

星期日

戊戌年 乙卯月 癸亥日

农历二月十六

忌

嫁娶 安葬 造庙 伐木

宜

祭祀 订盟 立券 合帐 拆卸 上梁 入宅 开光 塑绘 纳彩 开市 冠笄 起基 动土 安香

四月◆老手艺

·祭扫·踏青·

寒食节亦称『禁烟节』『冷节』『百五节』，在夏历冬至后一百零五日，清明节前一二日。是日初为节名，禁烟火，只吃冷食。在后世的发展中逐渐增加了祭扫、踏青、打秋千、蹴鞠、牵钩、斗鸡等风俗，寒食节前后绵延两千余年，曾被称为民间第一大祭日。

月曜

MON APRIL

2

农历二月十七◆星期一

戊戌年
乙卯月
甲子日

忌

嫁娶
入宅
移徙
安葬
作灶

宜

沐浴
栽种
祭祀
捕捉

火曜

TUE APRIL

寒食

农历二月十八◆星期二

戊戌年
乙卯月
乙丑日

忌

安葬
栽种

宜

酬神
塑绘
订盟
纳彩
动土
出火
移徙
祭祀
开光
斋醮
嫁娶
裁衣
起基
拆卸
入宅

水曜

4

WED APRIL

农历二月十九◆星期三

戊戌年
乙卯月
丙寅日

宜

订盟 纳彩
冠笄 拆卸
修造 动土
安床 入殓
除服 成服
安葬 移柩
破土 造仓

忌

开市
作灶
入宅
开光
嫁娶

织锦　祥云腾龙 | 湖南龙山

木曜

THU APRIL 2018

四月

清明

星期四

戊戌年

丙辰月

丁卯日

农历二月二十

忌

入宅 作灶 理发 开光 安门

宜

出行 动土 入殓 安葬 移柩 安床

祭祀 修造 破土 启攒 合帐 迁徙 造畜稠 合寿木 开生坟

·祭扫·插柳·

万物生长此时，皆清洁而明净。故谓之清明。

四月◆老手艺

金曜

6

FRI APRIL

农历二月廿一◆星期五

戊戌年

丙辰月

戊辰日

忌

开光
修造
动土
破土

宜

祭祀 修饰
垣墙
余事勿取

土曜

7

SAT APRIL

农历二月廿二◆星期六

戊戌年

丙辰月

己巳日

忌

纳彩
出行
修坟
安葬
开市
立券
作灶

宜

嫁娶 祭祀
祈福 求嗣
斋醮 开光
出火 移徙
入宅 竖柱
上梁 治病
造屋 起基
会亲友

·世界卫生日·

刺绣　蝶戏牡丹图瑶族荷包｜　湖南江华

曜 日

SUN APRIL 2018

四月

八日

星期日

戊戌年
丙辰月
庚午日

农历二月廿三

宜

祭祀 开光 嫁娶 出行 安床 除服 启攒 会亲友 塑绘 纳彩 开市 移柩 结网 成服 安葬

忌

祈福 入宅 造屋 动土 破土 探病

月曜

MON APRIL

9

农历二月廿四◆星期一

戊戌年
丙辰月
辛未日

宜

祭祀 作灶
平治道涂
余事勿取

忌

安床
入宅
栽种

火曜

TUE APRIL

10

农历二月廿五◆星期二

戊戌年
丙辰月
壬申日

宜

祭祀 祈福
求嗣 斋醮
沐浴 纳畜
入殓 破土
安葬

忌

移徙
入宅
嫁娶
出行
安床

水曜

11

WED APRIL

农历二月廿六◆星期三

戊戌年 丙辰月 癸酉日

忌

嫁娶 开市 纳财 出火

宜

祭祀 求嗣 出行 造屋 安门 安葬 纳彩 祈福 斋醮 起基 定磉 入殓

木曜

12

THU APRIL

农历二月廿七◆星期四

戊戌年 丙辰月 甲戌日

忌

祈福 斋醮 开市 安葬

宜

沐浴 求医 破屋 祭祀 解除 治病 坏垣 余事勿取

·国际载人航天日·

四月◆老手艺

金曜

13

FRI APRIL

农历二月廿八◆星期五

戊戌年

丙辰月

乙亥日

忌

祭祀 嫁娶 入宅 作灶 安葬

宜

捕捉 结网

沐浴 畋猎 取渔

土曜

14

SAT APRIL

农历二月廿九◆星期六

戊戌年

丙辰月

丙子日

忌

火 出 嫁娶 开市

宜

祈福 斋醮 订盟 竖柱 开仓 起基 安门

祭祀 求嗣 纳彩 开光 上梁 造屋 定磉 出货财

曜 日

SUN APRIL 2018

四月

十五

星期日

戊戌年 丙辰月 丁丑日

农历二月三十

宜
祭祀 捕捉
解除
余事勿取

忌
嫁娶
安葬

月曜

MON APRIL

16

农历三月初一◆星期一

戊戌年
丙辰月
戊寅日

宜

纳彩 嫁娶
出行 开市
立券 纳畜
牧养 出火
移徙 入宅

忌

祈福
动土
破土
安葬
入殓

火曜

TUE APRIL

17

农历三月初二◆星期二

戊戌年
丙辰月
己卯日

宜

祭祀 祈福
求嗣 斋醮
冠笄 作灶
纳财 交易

忌

开光
嫁娶
掘井
安葬
安门
探病

水曜

上巳

WED APRIL

农历三月初三◆星期三

戊戌年 丙辰月 庚辰日

宜

祭祀 解除
出行
教牛马
余事勿取

忌

动土
破土
行丧
开光
作梁
安葬
探病

·水边饮宴·

·游春·

·佩兰·

·国际古迹遗址日·

木曜

19

THU APRIL

农历三月初四◆星期四

戊戌年 丙辰月 辛巳日

宜

沐浴 斋醮
解除 求医
治病 扫舍
栽种 理发
造畜稠
会亲友

忌

开市
嫁娶
移徙
入宅
掘井
安葬

杂项　蛙形耳枕｜　陕西千阳

金 曜

FRI APRIL 2018

四月

谷雨

星期五

戊戌年 丙辰月 壬午日

农历三月初五

忌

祈福 修造 动土 破土 谢土

宜

出行 订盟 嫁娶 开市 纳畜 入殓 求嗣 解除 纳彩 安床 交易 牧养 会亲友 进人口

·食香椿·禁杀五毒·摘茶·

三月中，自雨水后，土膏脉动，今又雨其谷于水也。

土曜

21

SAT APRIL

农历三月初六◆星期六

戊戌年
丙辰月
癸未日

宜

祭祀 作灶
平治道涂
余事勿取

忌

嫁娶
安葬
动土
安床
治病

刺绣　牡丹纹样｜　山西临猗

曜 日

SUN APRIL 2018

四月

廿二

·国际地球日·

戊戌年 丙辰月 甲申日

星期日

农历三月初七

宜

祭祀 祈福 求嗣 斋醮 开市 交易 雕刻 开光 造屋 合脊 起基 定磉 安门 安机械 造车器

忌

入宅 动土 开仓 出货财

月曜

MON APRIL

23

农历三月初八◆星期一

戊戌年
丙辰月
乙酉日

宜

祭祀 祈福
开光 求嗣
斋醮 纳彩
订盟 求医
治病 起基
定磉 造船
取渔 解除
安葬

忌

开市
动土
掘井
开池

·世界图书和版权日·

火曜

TUE APRIL

24

农历三月初九◆星期二

戊戌年
丙辰月
丙戌日

宜

祭祀 沐浴
破屋 坏垣
求医 治病
解除
余事勿取

忌

嫁娶
开市
交易
入宅
安葬

水曜

25

WED APRIL

农历三月初十◆星期三

戊戌年

丙辰月

丁亥日

宜

—

忌

诸事不宜

·世界防治疟疾日·

水曜

木曜

26

THU APRIL

农历三月十一◆星期四

戊戌年

丙辰月

戊子日

宜

祭祀 开光 纳彩 拆卸 动土 经络 裁衣 安机械 塑绘 订盟 冠笄 修造 安床 开市

忌

火宅 出入 安葬 伐木

·世界知识产权日·

四月◆老手艺

金曜

27

FRI APRIL

农历三月十二◆星期五

戊戌年

丙辰月

己丑日

忌

造庙
嫁娶
安床
余事勿取

宜

祭祀

土曜

28

SAT APRIL

农历三月十三◆星期六

戊戌年

丙辰月

庚寅日

忌

入殓
安葬
入宅
安床

宜

订盟 纳彩
嫁娶 赴任
交易 立券
动土 除服
谢土 移柩
破土 出行
进人口
会亲友

·世界安全生产与健康日·

刺绣　瑶族挑花头巾 | 湖南

日

SUN APRIL 2018

四月

廿九

星期日

戊戌年
丙辰月
辛卯日

农历三月十四

忌

掘井 安门 嫁娶 纳彩

宜

祭祀 祈福 裁衣 合帐 安床 入殓 除服 成服 移柩 破土 安葬 谢土 立碑 造畜稠

曜

·世界舞蹈日·

月曜

30

MON APRIL

农历三月十五◆星期一

戊戌年
丙辰月
壬辰日

宜

祭祀 沐浴 安床 解除 冠笄 出行 裁衣 扫舍 进人口

忌

掘井 动土 破土 安葬 开光

May

明月别枝惊鹊，
清风半夜鸣蝉。

鸣蜩

农历五月

五月

◐ ㊐ ㊊ ㊋ ㊌ ㊍ ㊎ ㊏ ◐

日	一	二	三	四	五	六
		1	2	3	4	5 立夏
6	7	8	9	10	11	12
13	14	15	16	17	18	19
20	21 小满	22	23	24	25	26
27	28	29	30	31		

· 劳动节 ·

火曜

1

TUE MAY

农历三月十六◆星期二

戊戌年
丙辰月
癸巳日

宜

求医 治病
开光 移徙
纳彩 入宅
动土 上梁

忌

嫁娶
安葬
开市

五月◆老手艺

水曜

2

WED MAY

农历三月十七◆星期三

戊戌年
丙辰月
甲午日

忌
嫁娶
动土
破土

宜
祭祀 安葬
开市 安床
会亲友

木曜

3

THU MAY

农历三月十八◆星期四

戊戌年
丙辰月
乙未日

忌
嫁娶
安葬

宜
祭祀 作灶
掘井
平治道涂

·世界新闻自由日·

· 五四青年节 ·

金曜

4

FRI MAY

农历三月十九◆星期五

戊戌年
丙辰月
丙申日

宜

祭祀 开市 安葬 破土 斋醮 动土 入殓

忌

移徙 嫁娶 入宅

刺绣　鱼戏水｜　陕西洛川

曜 土

SAT MAY 2018

五月

立夏

星期六

戊戌年
丁巳月
丁酉日

农历三月二十

忌

作灶 嫁娶 移徙 入宅 理发

宜

交易 挂匾 祈福 出行 修造
开市 立券 祭祀 斋醮 起基 动土

·斗蛋·尝新·

斗指东南，维为立夏，万物至此皆长大，故名立夏也。

刺绣　帐额祝寿图

帐额俗称帐檐，上有绘画或刺绣。唐卢照邻《长安古意》诗曰：“生憎帐额绣孤鸾，好取门帘帖双燕。”

曜 日

SUN MAY 2018

五月

六日

星期日

戊戌年 丁巳月 戊戌日

农历三月廿一

忌

开市 立券 造船 合寿木

宜

纳彩 祭祀 求嗣 出火 拆卸 修造 移徙 嫁娶 订盟 祈福 开光 出行 动土 入宅 进人口

月曜 MON MAY

7

农历三月廿二◆星期一

戊戌年 丁巳月 己亥日

宜

祭祀 沐浴 解除 破屋 坏垣 余事勿取

忌

开光 安葬

火曜 TUE MAY

8

农历三月廿三◆星期二

戊戌年 丁巳月 庚子日

宜

订盟 纳彩 嫁娶 解除 祭祀 祈福 求嗣 开光 出行 出火 拆卸 入宅 移徙 安床

忌

作灶 开市 经络

·世界微笑日·

水曜

9

WED MAY

农历三月廿四◆星期三

戊戌年
丁巳月
辛丑日

忌
安床 上梁 裁衣 入宅 嫁娶

宜
祈福 开光 纳彩 动土 造仓 交易 纳财 祭祀 求嗣 订盟 解除 起基 开市 立券 进人口

木曜

10

THU MAY

农历三月廿五◆星期四

戊戌年
丁巳月
壬寅日

忌
探病 嫁娶 开市

宜
结网 祭祀 捕捉 余事勿取

五月◆老手艺

金曜

11

FRI MAY

农历三月廿六◆星期五

戊戌年
丁巳月
癸卯日

忌

入宅
安门
安葬

宜

嫁娶 纳彩
订盟 祭祀
祈福 求嗣
开光 开市
出行 习艺
动土 破土
立券 交易
会亲友

土曜

12

SAT MAY

农历三月廿七◆星期六

戊戌年
丁巳月
甲辰日

忌

造屋
造桥
安门
安葬
上梁

宜

嫁娶 冠笄
祭祀 出行
移徙 入宅
作灶 成服
补垣 塞穴
作厕 破土
除服
造车器

·国际护士节·

刺绣　背扇｜　贵州

背扇是用以背负孩子的“襁褓”，俗称“背儿带”。在背扇上画上眼睛，是期望小孩长大后走的是光明大道，而多层背扇则表示勤劳、智慧和富有。

曜 日

五月

SUN MAY 2018

十三

星期日

戊戌年
丁巳月
乙巳日

农历三月廿八

宜
祭祀 解除
断蚁
会亲友
余事勿取

忌
嫁娶
安葬

·母亲节·

月曜

MON MAY

14

农历三月廿九◆星期一

戊戌年 丁巳月 丙午日

宜

嫁娶 纳彩 订盟 祭祀 祈福 治病 修造 动土 移徙 入宅 造车器

忌

开市 出行 安床 作灶 安葬

火曜

TUE MAY

15

农历四月初一◆星期二

戊戌年 丁巳月 丁未日

宜

嫁娶 纳彩 订盟 经络 结网 冠笄 祭祀 求嗣 进人口 会亲友 安机械

忌

开市 作灶 动土 行丧 安葬

·国际家庭日·

水曜

16

WED MAY

农历四月初二◆星期三

戊戌年 丁巳月 戊申日

宜

祭祀 沐浴
移徙 破土
安葬 扫舍
平治道途

忌

祈福
嫁娶
入宅
安床
作灶

木曜

17

THU MAY

农历四月初三◆星期四

戊戌年 丁巳月 己酉日

宜

祭祀 祈福
斋醮 求嗣
纳畜 移徙
塑绘 开光
起基 竖柱
上梁 作灶
入宅
安机械

忌

动土
破土
嫁娶

五月◆老手艺

·国际博物馆日·

金曜

18

FRI MAY

农历四月初四◆星期五

戊戌年
丁巳月
庚戌日

忌

移徙 入宅 造屋 架马

宜

嫁娶 纳彩 订盟 斋醮 开光 祭祀 祈福 求医 治病 牧养 动土 解除 捕捉 纳畜 会亲友

土曜

19

SAT MAY

农历四月初五◆星期六

戊戌年
丁巳月
辛亥日

忌

行丧 安葬

宜

祭祀 沐浴 解除 破屋 坏垣 余事勿取

杂项 虎｜ 贵州

布玩具是用布做外壳的软雕塑，一般多为动物造型，有虎、鸡、牛、羊、猴、兔、驴、狗、鱼、蛙，等等，上面装饰有布贴花、绣花、挑花或手绘花。

曜 日

SUN MAY 2018

五月

二十

戊戌年 丁巳月 壬子日

星期日

农历四月初六

忌

醮 市 婆 灶
斋 开 嫁 作

宜

沐浴 扫舍
余事勿取

挑花　鱼蝶纹｜　湖南

月 曜

MON MAY 2018

五月

小满

星期一

戊戌年 丁巳月 癸丑日

农历四月初七

忌

嫁娶 出火 移徙 入宅

宜

开市 交易 立券 上梁 开光 求医 治病 造屋 起基 修造 动土 定磉 会亲友 安机械

·祭车神·祭蚕·

四月中，小满者，物至于此小得盈满。

·佛诞节·

四月初八，本为佛诞节，即释迦牟尼的生日，属于我国佛教一年之中最大的节日。正统的佛诞节庆祝活动，至今保留在山西省佛教界，其中尤以五台山最为隆重。

火曜

TUE MAY

佛诞

农历四月初八◆星期二

戊戌年 丁巳月 甲寅日

宜

栽种 捕捉 畋猎 余事勿取

忌

开市 动土 祭祀 斋醮 安葬 探病

水曜

WED MAY

23

农历四月初九◆星期三

戊戌年 丁巳月 乙卯日

宜

嫁娶 祭祀
祈福 求嗣
斋醮 订盟
纳彩 解除
出行 动土
破土 习艺
针灸 理发
会亲友

忌

开市
入宅
探病
出火
造屋

木曜

THU MAY

24

农历四月初十◆星期四

戊戌年 丁巳月 丙辰日

宜

—

忌

余事勿取

金曜

25

FRI MAY

农历四月十一◆星期五

戊戌年
丁巳月
丁巳日

宜

塞穴 断蚁
结网
余事勿取

忌

破土
安葬

土曜

26

SAT MAY

农历四月十二◆星期六

戊戌年
丁巳月
戊午日

宜

开光 出行
纳彩 嫁娶
伐木 架马
出火 拆卸
移徙 入宅
造庙 造桥
造船 开市
造畜稠

忌

一

刺绣　舞狮　|　湖南

《后汉书》记载汉章帝时月氏国（西域一个小国）进贡狮子，当时将狮子称为“狻猊”，从那时起人们便把雄健、威武的狮子视为吉祥、勇敢的象征，又模仿狮子的形象和动作，逐渐形成舞狮。舞狮开始盛行于宫廷之中，后来才逐渐发展到民间，成为节日和社戏中的主要娱乐节目。

曜 日

SUN MAY 2018

五月

廿七

戊戌年 丁巳月 己未日

星期日

农历四月十三

忌

诸事不宜

宜

牧养 置产

结网 塞穴

进人口

余事勿取

月曜

MON MAY

28

农历四月十四◆星期一

戊戌年
丁巳月
庚申日

宜

开光
出行
嫁娶

忌

动土 修造
移徙 起基
纳畜 开市
除服 入殓
移柩 成服
安葬 破土
修坟
会亲友
进人口

火曜

TUE MAY

29

农历四月十五◆星期二

戊戌年
丁巳月
辛酉日

宜

嫁娶 纳彩
出行 祭祀
祈福 开市
动土 移徙
入宅 破土
安葬

忌

安门

水曜

30

WED MAY

农历四月十六◆星期三

戊戌年 丁巳月 壬戌日

宜

嫁娶 纳彩
求医 治病
修造 动土
移徙 入宅
破土 安葬

忌

开市
开光

水曜

31

THU MAY

农历四月十七◆星期四

戊戌年 丁巳月 癸亥日

宜

坏垣 破屋
祭祀
余事勿取

忌

诸事不宜

·世界无烟日·

火山六月应更热，
赤亭道口行人绝。

季暑

农历六月

June

六月

◐ ㊐ ㊊ ㊋ ㊌ ㊍ ㊎ ㊏ ◐

日	一	二	三	四	五	六
					1	2
3	4	5	6 芒种	7	8	9
10	11	12	13	14	15	16
17	18	19	20	21 夏至	22	23
24	25	26	27	28	29	30

六月◆老手艺

金曜

1

FRI JUNE

农历四月十八◆星期五

戊戌年

丁巳月

甲子日

忌

斋醮

宜

嫁娶 祭祀 动土 移徙 破土

纳彩 祈福 出行 上梁 入宅 安葬

·儿童节·

土曜

2

SAT JUNE

农历四月十九◆星期六

戊戌年

丁巳月

乙丑日

忌

嫁娶 安葬

宜

祭祀 求医 纳畜 动土

纳彩 祈福 开市 治病

刺绣　喜上眉梢｜　湖南

曜 日

六月

SUN JUNE 2018

三日

戊戌年 丁巳月 丙寅日

星期日

农历四月二十

宜

纳彩 入宅 嫁娶 出行 移徙

忌

土土 动破安 葬

动土 破土 安葬

六月◆老手艺

月曜

4

MON JUNE

农历四月廿一◆星期一

戊戌年
丁巳月
丁卯日

忌
嫁娶
安葬

宜
纳彩
立券
动土
订盟
交易
祭祀
破土

火曜

5

TUE JUNE

农历四月廿二◆星期二

戊戌年
丁巳月
戊辰日

忌
赴任
捕捉

宜
裁衣
出行
作灶
入宅
安葬
嫁娶
祭祀
安床
移徙
破土

·世界环境日·

刺绣　黑地锦鸡｜　湖南

曜 水

六月

WED JUNE 2018

芒种

星期三

戊戌年 戊午月 己巳日

农历四月廿三

忌

床安 福祈 行出 葬安 丧行 光开

宜

帐合 笄冠 梁上 卸拆 造修 门安 堤筑

娶嫁 衣裁 木伐 火出 徙移 土动 财纳 种栽

·送花神·煮梅·

五月节，谓有芒之种谷可稼种矣。

六月◆老手艺

木曜

7

THU JUNE

农历四月廿四◆星期四

戊戌年
戊午月
庚午日

宜

出行 割蜜
教牛马
余事勿取

忌

斋醮
造屋
动土
破土

金曜

8

FRI JUNE

农历四月廿五◆星期五

戊戌年
戊午月
辛未日

宜

嫁娶 祭祀
祈福 求嗣
开光 出行
解除 出火
拆卸 修造
入宅 移徙
动土 安床
进人口

忌

安葬
行丧
开生坟

·世界海洋日·

土曜

9

SAT JUNE

农历四月廿六◆星期六

戊戌年
戊午月
壬申日

宜

祭祀 祈福
求嗣 沐浴
解除 纳彩
开市 修造
竖柱 上梁
归岫 补垣
安机械
开柱眼

忌

嫁娶
安床
作灶
动土
破土
造船

杂项　花虎挂饰

它是在香袋基础上改革创新的新品种，放大了十二生肖的造型，可独立悬挂。

曜 日

SUN JUNE 2018

六月

十日

星期日

戊戌年 戊午月 癸酉日

农历四月廿七

忌

开市 入宅 出行 修造 词讼

宜

祭祀 沐浴 理发 整手足甲 修饰垣墙 平治道涂 余事勿取

月曜

11

MON JUNE

农历四月廿八◆星期一

戊戌年 戊午月 甲戌日

宜

嫁娶 纳彩 祭祀 祈福 出行 立券 移徙 入宅 动土 破土 安葬

忌

开光 作灶 造屋 架马 开仓

·药王节·

据传药王孙思邈出生在这一天。也传药王艺成于这一天，要磨刀切药。所以，每年这一天都要下雨，否则药王没水磨刀。

火曜

12

TUE JUNE

农历四月廿九◆星期二

戊戌年 戊午月 乙亥日

宜

纳彩 订盟 冠笄 祭祀 祈福 斋醮 出行 修造 动土 移徙 入宅 安香 出火 拆卸 造屋

忌

嫁娶 开市 安葬 合寿木

·世界无童工日·

水曜

13

WED JUNE

农历四月三十◆星期三

戊戌年
戊午月
丙子日

忌

入宅
嫁娶
移徙

宜

沐浴
坏垣
祭祀
破屋
余事勿取

木曜

14

THU JUNE

农历五月初一◆星期四

戊戌年
戊午月
丁丑日

忌

作灶
理发
造桥
行丧
安葬

宜

掘井
出行
祈福
斋醮
开光
裁衣
开池
嫁娶
交易
祭祀
求嗣
塑绘
合帐
放水
安机械

六月◆老手艺

金曜

15

FRI JUNE

农历五月初二◆星期五

戊戌年

戊午月

戊寅日

忌

斋醮 祭祀 移徙 入宅 上梁 嫁娶

宜

纳彩 求医 开市 修造 破土 安机械

冠笄 治病 立券 动土 安葬

土曜

16

SAT JUNE

农历五月初三◆星期六

戊戌年

戊午月

己卯日

忌

开市 安葬 破土 修坟 掘井

宜

祭祀 余事勿取

作灶

杂项　腰带　|　贵州安顺

曜 日

六月

SUN JUNE 2018

十七

·父亲节·

戊戌年 戊午月 庚辰日

星期日

农历五月初四

忌

帐合 梁上 络经 葬安 殓入

宜

祈福 斋醮 解除 入宅 治病 破土

祭祀 求嗣 安香 移徙 求医 动土 合寿木 开生坟 会亲友

·赛龙舟·端午食粽·挂艾叶菖蒲·——

《风土记》里说：『仲夏端午。端，初也。』每月有三个五日，头一个五日就是『端五』。古人习惯把五月的前几天分别以『端』来称呼，宋代陈元靓《岁时广记》云：『京师市尘人，以五月初一日为端一，初二日为端二，数以至五谓，之端五。』

月曜

端午

MON JUNE

农历五月初五◆星期一

戊戌年 戊午月 辛巳日

宜

嫁娶 冠笄 修造 动土 作灶 移徙 入宅 补垣 塞穴 纳畜 牧养 架马 修造 动土 起基

忌

祈福 开光 掘井 开市 安葬

火曜

19

TUE JUNE

农历五月初六◆星期二

戊戌年 戊午月 壬午日

宜

祭祀 交易 纳财

忌

斋醮 开渠 上梁 动土 破土

水曜

20

WED JUNE

农历五月初七◆星期三

戊戌年 戊午月 癸未日

宜

嫁娶 订盟 纳彩 冠笄 祭祀 出行 纳财 入宅 安香 出火 入学 塑绘 会亲友 安机械 造车器

忌

行丧 伐木 作梁 作灶

织锦　蜘蛛花 ｜ 湖南

木 曜

THU JUNE 2018

六月

夏至

星期四

戊戌年 戊午月 甲申日

农历五月初八

忌

安床 作灶 动土 破土 出货财

宜

求嗣 嫁娶 架马 修造 入宅 交易
开光 冠笄 伐木 出行 移徙 开市 立券 开柱眼

·祭神祀祖·消夏避伏·

日北至，日长之至，日影短至，故曰夏至。至者，极也。

六月◆老手艺

金曜

22

FRI JUNE

农历五月初九◆星期五

戊戌年
戊午月
乙酉日

忌

斋醮
出行
治病
合寿木

宜

祭祀 沐浴
理发 嫁娶
作灶 扫舍
整手足甲
修饰垣墙
平治道涂

土曜

23

SAT JUNE

农历五月初十◆星期六

戊戌年
戊午月
丙戌日

忌

开市
伐木
作梁
作灶

宜

移徙 入宅
出行 祭祀
祈福 斋醮
纳彩 订盟
安香 出火
修造 动土
会亲友
安机械

·奥林匹克日·

刺绣　双龙戏珠纹样 ｜　贵州

日曜

SUN JUNE 2018

六月

廿四

星期日

戊戌年 戊午月 丁亥日

农历五月十一

忌

开市 交易 行丧 安葬 嫁娶

宜

祭祀 沐浴 捕捉 结网 畋猎 取渔 余事勿取

月曜

MON JUNE

25

农历五月十二◆星期一

戊戌年 戊午月 戊子日

宜

治病 求医
破屋 坏垣
畋猎
余事勿取

忌

嫁娶
入宅

火曜

TUE JUNE

26

农历五月十三◆星期二

戊戌年 戊午月 己丑日

宜

嫁娶 出行
祭祀 塑绘
开光 治病
经络 安床
结网 塞穴
破土 入殓
安机械

忌

开市
安门
掘井
作灶

水曜

27

WED JUNE

农历五月十四◆星期三

戊戌年 戊午月 庚寅日

宜

订盟 纳彩
雕刻 拆卸
修造 动土
起基 开市
栽种 纳畜
牧养 入殓
除服
会亲友
进人口

忌

—

木曜

28

THU JUNE

农历五月十五◆星期四

戊戌年 戊午月 辛卯日

宜

祭祀 捕捉
取渔
修饰垣墙
余事勿取

忌

诸事不宜

六月◆老手艺

金曜

29

FRI JUNE

农历五月十六◆星期五

戊戌年
戊午月
壬辰日

宜
嫁娶 纳彩
祭祀 祈福
求医 治病
出行 动土
移徙 入宅

忌
开市
安门

金曜

30

SAT JUNE

农历五月十七◆星期六

戊戌年
戊午月
癸巳日

宜
裁衣 作灶
移徙 入宅
纳畜

忌
嫁娶
安葬

剪

主要用于民间剪纸，其渊源亦可追溯到原始的镂刻技艺。原始人将镂空技艺的空间魅力和图案的平面魅力结合起来的图案镂空，成为后世镂空技术中的基本规范。自我国发现最早的北朝团花剪纸以来，剪纸技艺在我国民间经久不衰，其技艺也大有发展。

刻

镂刻技艺在原始石器与骨器上的刻纹中已初见端倪。由于镂空在使器物灵动方面具有独特的功效，故在民间美术中广为应用。在绣花底样的凿纸、镂刻印花布的花版、木版年画的套版、皮影中的刻皮革中不乏精彩之作。

July
August
September

裁体

— C u t

— C a r v e

Folk Art Calendar 2018

巧夕

农历七月

是处瓜华时节好，
金尊倒，
人间彩缕争祈巧。

July

七月

日	一	二	三	四	五	六
1	2	3	4	5	6	7 小暑
8	9	10	11	12	13	14
15	16	17	18	19	20	21
22	23 大暑	24	25	26	27	28
29	30	31				

木刻版画　双旗门年画 | 甘肃陇东

日 曜

SUN JULY 2018

七月

一日

星期日

戊戌年 戊午月 甲午日

农历五月十八

忌

上梁 动土 破土

宜

祭祀 入殓 移柩 安葬

·建党节·

月曜

MON JULY

2

农历五月十九◆星期一

戊戌年

戊午月

乙未日

宜

出行 安床

祈福 斋醮

纳彩 订盟

会亲友

忌

移徙

入宅

安葬

火曜

TUE JULY

3

农历五月二十◆星期二

戊戌年

戊午月

丙申日

宜

嫁娶 纳彩

出行 求医

治病 开市

移徙 入宅

安葬

忌

动土

破土

水曜

4

WED JULY

农历五月廿一◆星期三

戊戌年
戊午月
丁酉日

忌

行丧
安葬

宜

嫁娶 祭祀
沐浴 扫舍
修饰垣墙

木曜

5

THU JULY

农历五月廿二◆星期四

戊戌年
戊午月
戊戌日

忌

作灶

宜

嫁娶 订盟
纳彩 出行
祭祀 祈福
开市 动土
移徙 入宅
破土 安葬

金曜

6

FRI JULY

农历五月廿三◆星期五

戊戌年

戊午月

己亥日

忌

开市
安葬

宜

纳彩
祭祀
修造
移徙

订盟
出行
祈福
动土
入宅

剪纸　鲤鱼跳龙门　|　江苏

土曜

SAT JULY 2018

七月

小暑

星期六

戊戌年 己未月 庚子日

农历五月廿四

忌

嫁娶 斋醮 开市 出火 入宅 移徙 出行 作灶 安门 伐木

宜

祭祀 祈福 安床 沐浴 入殓 移柩 破土 安葬 谢土 解除 整手足甲

·吃饺子·食新·簪茉莉·扑流萤·

暑，热也，就热之中分为大小，月初为小，月中为大，今则热气犹小也。

皮影　韩嫣梳妆｜　山西晋南

山西皮影由陕西传入，流行于晋西南地区和晋中、孝义地区，晋西南地区最为普及。山西皮影唱腔种类繁多，其中包括晋南碗碗腔、孝义皮腔、眉户腔、上党梆子等。皮影的制作选料考究，多用小口齿的母牛皮制成。晋南皮影分布在侯马、运城、临汾、新绛、曲沃等地。

曜 日

七月

SUN JULY 2018

八日

星期日

戊戌年
己未月
辛丑日

农历五月廿五

忌
嫁娶
安葬

宜
破屋 坏垣
解除
余事勿取

月曜

9

MON JULY

农历五月廿六◆星期一

戊戌年
己未月
壬寅日

宜

嫁娶 开市
立券 移徙
入宅 开池
经络 安门
安床 挂匾
拆卸 开仓
出货财
安机械
会亲友

忌

祭祀
祈福
探病
谢土
造桥

火曜

10

TUE JULY

农历五月廿七◆星期二

戊戌年
己未月
癸卯日

宜

祭祀 嫁娶
订盟 纳彩
祈福 斋醮
开光 求医
治病 造屋
竖柱 上梁
安门
会亲友

忌

入宅
开市
掘井
词讼
合寿木

·世界人口日·

水曜

11

WED JULY

农历五月廿八◆星期三

戊戌年 己未月 甲辰日

宜

纳彩 订盟 嫁娶 移徙 入宅 出行 祭祀 祈福 斋醮 塑绘 开光 安香 出火 解除 会亲友

忌

安葬 破土 开市 开仓 启攒 出货财

木曜

12

THU JULY

农历五月廿九◆星期四

戊戌年 己未月 乙巳日

宜

纳彩 订盟 嫁娶 沐浴 祭祀 出火 开光 塑绘 治病 习艺 伐木 造屋 上梁 竖柱 安床

忌

出行 安葬 造桥

七月◆老手艺

金曜

13

FRI JULY

农历六月初一◆星期五

戊戌年
己未月
丙午日

宜

祭祀 入殓
除服 成服
移柩 破土
安葬 塞穴
断蚁 结网

忌

开市
入宅
嫁娶
开光
造屋

土曜

14

SAT JULY

农历六月初二◆星期六

戊戌年
己未月
丁未日

宜

祭祀 修造
出行 造屋
竖柱 割蜜
造畜稠
教牛马
造车器

忌

动土
破土
安葬
掘井

剪纸　母鸡｜　山东高密

曜 日

SUN JULY 2018

七月

十五

星期日

戊戌年 己未月 戊申日

农历六月初三

忌

嫁娶 出行 纳彩 入宅 作灶

宜

祭祀 塑绘 解除 治病 扫舍

沐浴 开光 入学 牧养 开池

月曜

MON JULY

16

农历六月初四◆星期一

戊戌年
己未月
己酉日

宜

纳财 开市
立券 交易
求嗣 出行
祭祀 祈福
开光 解除
扫舍 起基
安床 竖柱
移徙

忌

安葬
破土
安门
斋醮
入宅
行丧

火曜

TUE JULY

17

农历六月初五◆星期二

戊戌年
己未月
庚戌日

宜

祭祀
修饰垣墙
平治道涂

忌

开市
动土
破土
嫁娶
修造
安葬

水曜

天贶

WED JULY

农历六月初六◆星期三

戊戌年 己未月 辛亥日

忌

破土 修坟 嫁娶 安葬 行丧

宜

订盟 祭祀 开光 出火 入宅 安床

纳彩 祈福 移徙 安香 立券 竖柱 上梁 安机械 会亲友

·晒伏·晒红绿·包饺子·

『六月六』，寓意六六大顺。古称『天贶节』，又称『晒书节』。老百姓则在六月六晒伏，把过冬衣服去去霉气，也为了防蛀。

木曜

19

THU JULY

农历六月初七◆星期四

戊戌年 己未月 壬子日

忌

出火 作灶 嫁娶 动土 上梁

宜

理发 入殓 安葬

沐浴 捕捉 移柩

七月◆老手艺

金曜

20

FRI JULY

农历六月初八◆星期五

戊戌年 己未月 癸丑日

忌

嫁娶 出行

宜

治病 求医 坏垣 破屋 余事勿取

21

土曜

SAT JULY

农历六月初九◆星期六

戊戌年 己未月 甲寅日

忌

祈福 开仓 上梁 掘井 牧养

宜

订盟 纳彩 移徙 嫁娶 出行 入宅 开市 纳财 立券 交易 出火 安香 造屋 拆卸 会亲友

凿纸　花样鸟纹｜　湖南湘西

凿花又称凿纸花样，它盛行于湖南西部，是刺绣必不可少的底样，它既适用于衣服、鞋、帽的纹样装饰，又有着独立的观赏价值。

曜 日

SUN JULY 2018

七月

廿二

戊戌年 己未月 乙卯日

星期日

农历六月初十

忌

开市 嫁娶 栽种 合寿木

宜

祈福 斋醮 订盟 拆卸 动土 移徙

祭祀 出行 纳彩 出火 修造 起基 造庙 安机械

皮影　火狮子｜　陕西礼泉

皮影中有形式多样的动物、神怪以及种类繁杂的场景造型。其中动物造型简练概括、形象逼真，敷色多采用写实手法。神怪造型怪异，敷色运用强烈的对比色。场景造型采用成角透视原理表现其立体感，敷色上运用对比强烈的装饰性色彩。

月 曜

MON JULY 2018

七月

大暑

·世界图书和版权日·

星期一

戊戌年 己未月 丙辰日

农历六月十一

忌

开市 入宅 安床 动土 安葬

宜

祭祀 纳财 纳畜 牧养 捕捉 进人口 余事勿取

小暑后十五日斗指未为大暑，六月中。

·晒伏姜·烧伏香·

火曜

TUE JULY

24

农历六月十二◆星期二

丁巳日 己未月 戊戌年

宜

祭祀 塑绘
开光 求医
治病 嫁娶
放水 掘井
牧养 纳畜
开渠
会亲友

忌

造屋
入宅
作灶
安葬
行丧
入学

水曜

WED JULY

25

农历六月十三◆星期三

戊午日 己未月 戊戌年

宜

祭祀 塞穴
结网 畋猎
余事勿取

忌

入宅
嫁娶
开光
移徙
开市
安门

木曜

26

THU JULY

农历六月十四◆星期四

戊戌年
己未月
己未日

忌

破土
安葬
治病
动土

宜

开市 纳财
塑绘 祭祀
冠笄 裁衣
开仓 经络
纳畜 牧养
造畜稠
会亲友
安机械
教牛马

金曜

27

FRI JULY

农历六月十五◆星期五

戊戌年
己未月
庚申日

忌

开市
出行
安床
经络

宜

入宅 移徙
斋醮 治病
祭祀 祈福
安香 起基
嫁娶 造屋
会亲友

土曜

SAT JULY

28

农历六月十六◆星期六

戊戌年
己未月
辛酉日

宜

塑绘 出行
嫁娶 冠笄
裁衣 纳婿
立券 交易
牧养 入殓
除服 成服
造畜稠
进人口
开生坟

忌

一

剪纸　兔儿爷｜　北京

曜 日

SUN JULY 2018

七月

廿九

星期日

戊戌年 己未月 壬戌日

农历六月十七

忌

余事勿取

宜

祭祀 冠笄
捕捉 结网
畋猎 取渔
嫁娶

七月◆老手艺

月曜

30

MON JULY

农历六月十八◆星期一

戊戌年 己未月 癸亥日

忌 诸事不宜

宜 沐浴 扫舍 余事勿取

31

火曜

TUE JULY

农历六月十九◆星期二

戊戌年 己未月 甲子日

忌 嫁娶 移徙 入宅

宜 纳彩 祭祀 祈福 解除 动土 破土 安葬

·世界无烟日·

清秋

农历八月

信宿渔人还泛泛，
清秋燕子故飞飞。

August

八月

日	月	火	水	木	金	土
日	一	二	三	四	五	六
			1	2	3	4
5	6	7 立秋	8	9	10	11
12	13	14	15	16	17	18
19	20	21	22	23 处暑	24	25
26	27	28	29	30	31	

水曜

WED AUGUST

1

农历六月二十◆星期三

戊戌年 己未月 乙丑日

宜

祭祀 坏垣

破屋

余事勿取

忌

诸事不宜

·建军节·

木曜

THU AUGUST

2

农历六月廿一◆星期四

戊戌年 己未月 丙寅日

宜

开市 出行

嫁娶 纳彩

动土 上梁

移徙 入宅

破土 安葬

忌

祭祀

祈福

金曜

3

FRI AUGUST

农历六月廿二◆星期五

戊戌年
己未月
丁卯日

宜

嫁娶 纳彩
开市 出行
动土 上梁
移徙 入宅
破土 安葬

忌

赴任

土曜

4

SAT AUGUST

农历六月廿三◆星期六

戊戌年
己未月
戊辰日

宜

祭祀 作灶
纳财 捕捉

忌

开市
破土

皮影　黑煞神　|　陕西华县

日 曜

SUN AUGUST 2018

八月

五日

星期日

戊戌年
己未月
己巳日

农历六月廿四

忌

庙造
葬安

宜

市开
祀祭
徙移
券立
娶嫁
福祈
土动
宅入

月曜

6

MON AUGUST

农历六月廿五◆星期一

戊戌年

己未月

庚午日

宜

补垣 塞穴

结网 入殓

除服 成服

移柩 安葬

余事勿取

忌

诸事不宜

剪纸　刘海戏金蟾｜　河北三河

火 曜

TUE AUGUST 2018

八月

立秋

星期二

戊戌年 庚申月 辛未日

农历六月廿六

忌

婴宅光灸井醮 嫁入开针掘斋

宜

行梁卸土床殓葬 出作拆动安入安 祀火造基垣穴土柩 祭出修起补塞破移

·啃秋·贴秋膘·晒秋·

七月节，立字解见春。秋，揫也，物于此而揫敛也。

水曜

WED AUGUST

8

农历六月廿七◆星期三

戊戌年

庚申月

壬申日

宜

嫁娶 订盟
纳彩 祭祀
祈福 出行
解除 竖柱
入宅 移徙
纳财 上梁
纳畜 入殓

忌

掘井
栽种
安床
动土
破土
置产

木曜

THU AUGUST

9

农历六月廿八◆星期四

戊戌年

庚申月

癸酉日

宜

解除 祭祀
祈福 求嗣
修造 动土
竖柱 上梁
安床 纳畜
造屋 合脊
起基 入殓
破土

忌

出火
嫁娶
开光
出行
词讼
开市
入宅
移徙
赴任

金曜

10

FRI AUGUST

农历六月廿九◆星期五

戊戌年
庚申月
甲戌日

忌

开市
入宅
动土
破土
安葬
作灶
上梁
开仓
祈福

宜

沐浴 理发
塑绘 开光
栽种 牧养
嫁娶 经络
补垣 塞穴
会亲友

土曜

11

SAT AUGUST

农历七月初一◆星期六

戊戌年
庚申月
乙亥日

忌

嫁娶
栽种
祈福
造桥
安葬
安门
伐木
作梁

宜

祭祀 理发
作灶 沐浴
修饰垣墙
平治道涂

皮影　金蟾｜　甘肃庆阳

金蟾是一只三足青蛙，古时认为得之可致富。有财源兴旺、幸福美好的寓意。

日 曜

SUN AUGUST 2018

八月

十二

星期日

戊戌年 庚申月 丙子日

农历七月初二

忌

开市 立券 置产 作灶 造桥

宜

纳彩 祭祀 斋醮 移徙 出行 修造 竖柱

嫁娶 订盟 祈福 普度 入宅 开光 动土 安机械

月曜

MON AUGUST

13

农历七月初三◆星期一

戊戌年
庚申月
丁丑日

宜
祭祀 普度
捕捉 解除
结网 畋猎
入殓 破土
安葬

忌
开市
交易
入宅
嫁娶

火曜

TUE AUGUST

14

农历七月初四◆星期二

戊戌年
庚申月
戊寅日

宜
沐浴 破屋
坏垣
余事勿取

忌
斋醮
开市

水曜

15

WED AUGUST

农历七月初五◆星期三

戊戌年
庚申月
己卯日

忌

动土
破土
嫁娶
掘井
安床

宜

纳彩
祈福
出火
立券
挂匾
安葬
订盟
祭祀
安香
开市
入宅
造桥

木曜

16

THU AUGUST

农历七月初六◆星期四

戊戌年
庚申月
庚辰日

忌

纳彩
订盟
经络
行丧
安葬
探病

宜

祭祀
斋醮
移徙
动土
开市
立券
修造
嫁娶
祈福
普度
入宅
治病
交易
开光
造车器

·祈福·

·拜织女·

·吃巧果·

·染指甲·

八月◆老手艺

金曜

七夕

FRI AUGUST

农历七月初七◆星期五

戊戌年 庚申月 辛巳日

忌

掘井 出行 破土 行丧 安葬

宜

订盟 作灶 裁衣 牧养 立券 安床

嫁娶 纳彩 冠笄 纳畜 开市 纳财 安机械 会亲友

土曜

18

SAT AUGUST

农历七月初八◆星期六

戊戌年 庚申月 壬午日

忌

火宅 出入 造屋 安门 安葬

宜

订盟 祭祀 普度 出行 纳财 动土 上梁

嫁娶 纳彩 斋醮 解除 开市 修造 竖柱 会亲友

剪纸 狮子 | 甘肃

甘肃镇原人祁秀梅所剪的狮子形象夸张大胆，狮头硕大，几乎占去画面一半，尾巴也刻画得十分突出，恰好印证了民间画诀“十斤狮子九斤头，一斤尾巴掉后头”的章法。

曜 日

SUN AUGUST 2018

八月

十九

星期日

戊戌年
庚申月
癸未日

农历七月初九

忌

上梁 掘井 动土 开光 破土 词讼

宜

普度 祈福 除服 补垣 入殓 安葬
嫁娶 祭祀 筑堤 断蚁 塞穴 成服

八月◆老手艺

月曜

MON AUGUST

20

农历七月初十◆星期一

戊戌年
庚申月
甲申日

忌

动土
破土
开仓
安床
开市
上梁

宜

冠笄
沐浴
出行
扫舍
赴任
嫁娶
祭祀
普度
纳财
纳畜

火曜

TUE AUGUST

21

农历七月十一◆星期二

戊戌年
庚申月
乙酉日

忌

嫁娶
出行
入宅
开市
安门

宜

冠笄
理发
入殓
破土
祭祀
沐浴
解除
移柩
安葬
整手足甲

水曜

22

WED AUGUST

农历七月十二◆星期三

戊戌年
庚申月
丙戌日

宜

冠笄 裁衣 纳畜 补垣 捕捉 塑绘 经络 栽种 牧养 塞穴 嫁娶 会亲友 进人口

忌

祈福 开市 动土 行丧 安葬

皮影　申公豹头茬 ｜ 山西晋南

木 曜

THU AUGUST 2018

八月

处暑

星期四

戊戌年 庚申月 丁亥日

农历七月十三

忌
嫁娶 安门 动土 安葬

宜
沐浴 纳彩 竖柱 移徙 牧养
出行 订盟 裁衣 上梁 纳畜

·放河灯·开渔节·泼水·

处，止也，暑气至此而止矣。

八月◆老手艺

·放灯·施普·跳钟馗·——

中元节又称『鬼节』或『盂兰盆节』。

金曜

24

FRI AUGUST

农历七月十四◆星期五

戊戌年
庚申月
戊子日

宜

纳彩 订盟
嫁娶 祭祀
祈福 普度
开光 安香
出火 移徙
入宅 竖柱
修造 动土

忌

开市
立券
纳财
作灶

土曜

中元

SAT AUGUST

农历七月十五◆星期六

戊戌年
庚申月
己丑日

宜

祭祀 捕捉
畋猎 纳畜
牧养 入殓
除服 成服
移柩 破土
安葬

忌

嫁娶
纳彩
订盟
开市
入宅

剪纸　虎形围涎｜　湖北鄂州

曜 日

SUN AUGUST 2018

八月

廿六

戊戌年 庚申月 庚寅日

星期日

农历七月十六

忌

行丧 安葬

宜

破屋 坏垣 治病 余事勿取

月曜

MON AUGUST

27

农历七月十七◆星期一

戊戌年 庚申月 辛卯日

宜

祈福 斋醮 出行 冠笄 嫁娶 雕刻 入宅 造桥 开市 交易 立券 纳财 入殓 除服 开柱眼

忌

动土 订盟 安床 开池

火曜

TUE AUGUST

28

农历七月十八◆星期二

戊戌年 庚申月 壬辰日

宜

祈福 求嗣 解除 订盟 纳彩 动土 起基 放水 造仓 开市 纳畜 牧养 入殓 除服 开生坟

忌

—

水曜

29

WED AUGUST

农历七月十九◆星期三

戊戌年
庚申月
癸巳日

忌
—

宜
光明 开光 订盟 嫁娶 修造 移徙 拆卸 安门 绘除 塑解

宜
开光 订盟 嫁娶 修造 移徙 拆卸 安门 绘除 彩火 土宅 基居 塑解 纳出 动入 起分

木曜

30

THU AUGUST

农历七月二十◆星期四

戊戌年
庚申月
甲午日

忌
—

宜
出行 纳彩 裁衣 安床 开市 交易 栽种 祈福 订盟 嫁娶 动土 放水 掘井 立券 开渠

金曜

FRI AUGUST

31

农历七月廿一◆星期五

戊戌年
庚申月
乙未日

宜

祭祀
斋醮
移徙
嫁娶
祈福
作灶
入宅

忌

动土
破土

菊序

农历九月

待到秋来九月八，我花开后百花杀。

September

九月

◐ ㊐ ㊊ ㊋ ㊌ ㊍ ㊎ ㊏ ◐

日	一	二	三	四	五	六
						1
2	3	4	5	6	7	8 白露
9	10	11	12	13	14	15
16	17	18	19	20	21	22
23 秋分	24	25	26	27	28	29
30						

土曜

1

SAT SEPTEMBER

农历七月廿二◆星期六

戊戌年
庚申月
丙申日

宜

出行 嫁娶
祭祀 纳畜
安葬 入殓

忌

作灶
动土
破土

剪纸　老鼠偷南瓜　|　陕西

曜 日

SUN SEPTEMBER 2018

九月

二日

星期日

戊戌年 庚申月 丁酉日

农历七月廿三

忌

嫁娶 开市

宜

祈福 祭祀 动土 破土

订盟 纳彩 修造 上梁 安葬

月曜

MON SEPTEMBER

3

农历七月廿四◆星期一

戊戌年

庚申月

戊戌日

宜

订盟 纳彩
出行 修造
会亲友

忌

开市
安葬

·抗日战争胜利纪念日·

火曜

TUE SEPTEMBER

4

农历七月廿五◆星期二

戊戌年

庚申月

己亥日

宜

沐浴
修饰垣墙
平治道涂
余事勿取

忌

嫁娶
祈福

水曜

5

WED SEPTEMBER

农历七月廿六◆星期三

戊戌年
庚申月
庚子日

忌
开市
安葬

宜
祭祀
斋醮
移徙
嫁娶
祈福
动土
入宅

木曜

6

THU SEPTEMBER

农历七月廿七◆星期四

戊戌年
庚申月
辛丑日

忌
嫁娶
入宅

宜
安葬
结网
破土
入殓
捕捉

金曜

7

FRI SEPTEMBER

农历七月廿八◆星期五

戊戌年
庚申月
壬寅日

宜

沐浴 破屋
治病 坏垣
余事勿取

忌

诸事不宜

皮影　于儿神 | 甘肃庆阳

于儿神即夫夫山神。《山海经·中次十二经》云："夫夫之山……神于儿居之，其状人身而身操两蛇，常游于江渊，出入有光。"

土 曜

SAT SEPTEMBER 2018

九月

白露

星期六

戊戌年 辛酉月 癸卯日

农历七月廿九

忌

移徙 入宅

宜

破屋 坏垣 求医 治病 余事勿取

八月节，阴气渐重，露凝而白也。

·酿米酒·喝清茶·

剪纸　五道娃娃｜　甘肃庆阳

“护生”是民间美术创作中比重较大的一个主题，无论是出于保护儿童无病无灾、健康成长的愿望，还是本着庇佑住宅、平安吉庆的祈念，其中总是饱含着保佑生灵的含义。民间剪纸中的五道娃娃造型是反映护生心态的典型民间艺术造型之一。

曜 日

九月

SUN SEPTEMBER 2018

九日

星期日

戊戌年 辛酉月 甲辰日

农历七月三十

忌

开市 开仓 安门 安葬

宜

纳彩 祭祀 求嗣 出行 拆卸 动土 移徙 嫁娶 订盟 祈福 开光 出火 修造 入宅 进人口

月曜

10

MON SEPTEMBER

农历八月初一◆星期一

戊戌年
辛酉月
乙巳日

宜

嫁娶 纳彩
订盟 祭祀
祈福 求嗣
开光 解除
入宅 移徙
出火 安床
开市 交易
进人口

忌

安葬
纳畜
出行
行丧
伐木
栽种
造庙
造桥

·教师节·

火曜

11

TUE SEPTEMBER

农历八月初二◆星期二

戊戌年
辛酉月
丙午日

宜

祭祀 冠笄
捕捉
余事勿取

忌

嫁娶
开市
造屋
作梁
合寿木

水曜

12

WED SEPTEMBER

农历八月初三◆星期三

戊戌年
辛酉月
丁未日

忌

开市
祈福
动土
破土
入殓
安葬
造船

宜

祭祀 解除
结网 畋猎
取渔 成服
入学 移柩
除服
会亲友

木曜

13

THU SEPTEMBER

农历八月初四◆星期四

戊戌年
辛酉月
戊申日

忌

嫁娶
开市
祭祀
祈福
斋醮
纳彩
修坟

宜

冠笄 沐浴
出行 修造
动土 移徙
入宅 破土
安葬

九月◆老手艺

金曜

14

FRI SEPTEMBER

农历八月初五◆星期五

戊戌年
辛酉月
己酉日

宜

祭祀 出行

忌

嫁娶
入宅
修造
动土
破土
会亲友

土曜

15

SAT SEPTEMBER

农历八月初六◆星期六

戊戌年
辛酉月
庚戌日

宜

嫁娶 订盟
纳彩 祭祀
祈福 出行
修造 动土
移徙 入宅

忌

针灸
伐木
作梁
造庙
行丧
安葬

皮影　鱼化龙｜　甘肃庆阳

鱼化龙亦名鱼龙变化。鱼化为龙有金榜题名的寓意。《琵琶记》“南浦嘱别”云：“孩儿出去在今日中，爹爹妈妈来相送，但愿得鱼化龙，青云得路。”

曜 日

SUN SEPTEMBER 2018

九月

十六

星期日

戊戌年 辛酉月 辛亥日

农历八月初七

忌

嫁娶
安葬
动土
造桥

宜

出行 开市
交易 立券
出火 上梁
移徙
安机械

月曜

MON SEPTEMBER

17

农历八月初八◆星期一

戊戌年
辛酉月
壬子日

宜

祭祀 沐浴
修饰垣墙
平治道涂
余事勿取

忌

斋醮
嫁娶
移徙
出行
上梁
入宅

火曜

TUE SEPTEMBER

18

农历八月初九◆星期二

戊戌年
辛酉月
癸丑日

宜

嫁娶 移徙
祭祀 祈福
开光 安香
出火 出行
开市 立券
修造 动土
入宅
造车器
安机械

忌

纳彩
订盟
架马
词讼
开渠

水曜

19

WED SEPTEMBER

农历八月初十◆星期三

戊戌年
辛酉月
甲寅日

忌
祭祀
嫁娶
安床
开市
入宅
探病
上梁

宜
捕捉
除服
破土
沐浴
入殓
成服
安葬

木曜

20

THU SEPTEMBER

农历八月十一◆星期四

戊戌年
辛酉月
乙卯日

忌
探病
余事勿取

宜
—

九月◆老手艺

金曜

21

FRI SEPTEMBER

农历八月十二◆星期五

戊戌年 辛酉月 丙辰日

忌

嫁娶 造庙 造桥 造船 作灶 安葬

宜

订盟 纳彩
祭祀 祈福
安香 出火
修造 动土
上梁 安门
起基 竖柱
开池 定磉

土曜

22

SAT SEPTEMBER

农历八月十三◆星期六

戊戌年 辛酉月 丁巳日

忌

行丧 安葬 合寿木

宜

开光 求嗣
雕刻 嫁娶
订盟 纳彩
出火 拆卸
修造 动土
起基 上梁
放水 移徙
入宅

剪纸　牛｜　陕西

日 曜

SUN SEPTEMBER 2018

九月

秋分

星期日

戊戌年 辛酉月 戊午日

农历八月十四

忌

开光 动土 破土 开市 修造 入宅 安门

宜

祭祀 嫁娶 捕捉

秋分者，阴阳相半也，故昼夜均而寒暑平。

·踏秋·放风筝·粘雀子嘴·

月曜

MON SEPTEMBER

中秋

农历八月十五◆星期一

戊戌年
辛酉月
己未日

宜

祭祀 普度
捕捉 畋猎
除服 成服
移柩 解除
会亲友

忌

嫁娶
开市
动土
掘井
开池
安葬

· 观潮 ·

· 祭月 ·

· 赏桂花 ·

· 吃月饼 ·

火曜

TUE SEPTEMBER

25

农历八月十六◆星期二

戊戌年
辛酉月
庚申日

宜

出行 解除
冠笄 嫁娶
伐木 架马
入殓 修造
动土 移徙
入宅
开生坟
合寿木

忌

开光
安床
祭祀

水曜

26

WED SEPTEMBER

农历八月十七◆星期三

戊戌年
辛酉月
辛酉日

宜

祭祀 祈福
求嗣 出行
沐浴 交易
扫舍
教牛马

忌

动土
作灶
行丧
安葬
修坟

木曜

27

THU SEPTEMBER

农历八月十八◆星期四

戊戌年
辛酉月
壬戌日

宜

出行 解除
纳彩 冠笄
雕刻 修造
动土 起基
上梁 合脊
安床 移徙
入宅 开市
栽种

忌

造庙
安门
行丧
安葬

·观潮节·

九月◆老手艺

金曜

28

FRI SEPTEMBER

农历八月十九◆星期五

戊戌年 辛酉月 癸亥日

忌

一

宜

解除 裁衣 挂匾 冠笄 开池 塞穴 出行 开市 开厕 作灶 补垣 开光 塑绘

土曜

29

SAT SEPTEMBER

农历八月二十◆星期六

戊戌年 辛酉月 甲子日

忌

嫁娶 入宅

宜

沐浴 垣墙 道涂 祭祀 修饰 平治

皮影　社火人物｜　河南灵宝

“社火”本是西北及中原地区的群众性游艺活动，有求福、驱邪和敬神之意。皮影戏中的社火表演包括锣鼓、车马、耍狮子、杂技等。

曜 日

九月

SUN SEPTEMBER 2018

三十

戊戌年 辛酉月 乙丑日

星期日

农历八月廿一

忌

宅入 木伐

宜

祭祀 纳彩 开光 斋醮 开市 除服 入殓 会亲友 安葬 嫁娶 塑绘 安香 立券 成服 移柩

雕

雕，指雕刻的技艺，运用于民间的三维空间的美术立体造型（前面讲的刻系指二维空间的平面造型），如民间石雕、砖雕、竹雕、木雕等，一般都采用刀、凿等锐利工具在硬质或软质材料上雕刻出各种造型，在表现出对象的形象和体积感的同时，也表现出材料自身的肌理、纹饰、硬度、光泽等自然形态的特征。

塑

一般是对软质材料的塑制，如民间泥塑、面塑等。雕与塑同样是立体造型，不同的是，雕一般都采用刀、凿等工具，而塑则往往靠人的手工捏制，如泥玩具、面人、面花等，依靠民间艺人娴熟的技艺塑造出形态各异的造型，这一类造型常常呈现出圆润、玲珑、剔透、精巧等风格。

October
November
December

造型

SCULPTURE

MODEL

Folk Art Calendar 2018

小阳春

农历十月

十月江南天气好，
可怜冬景似春华。

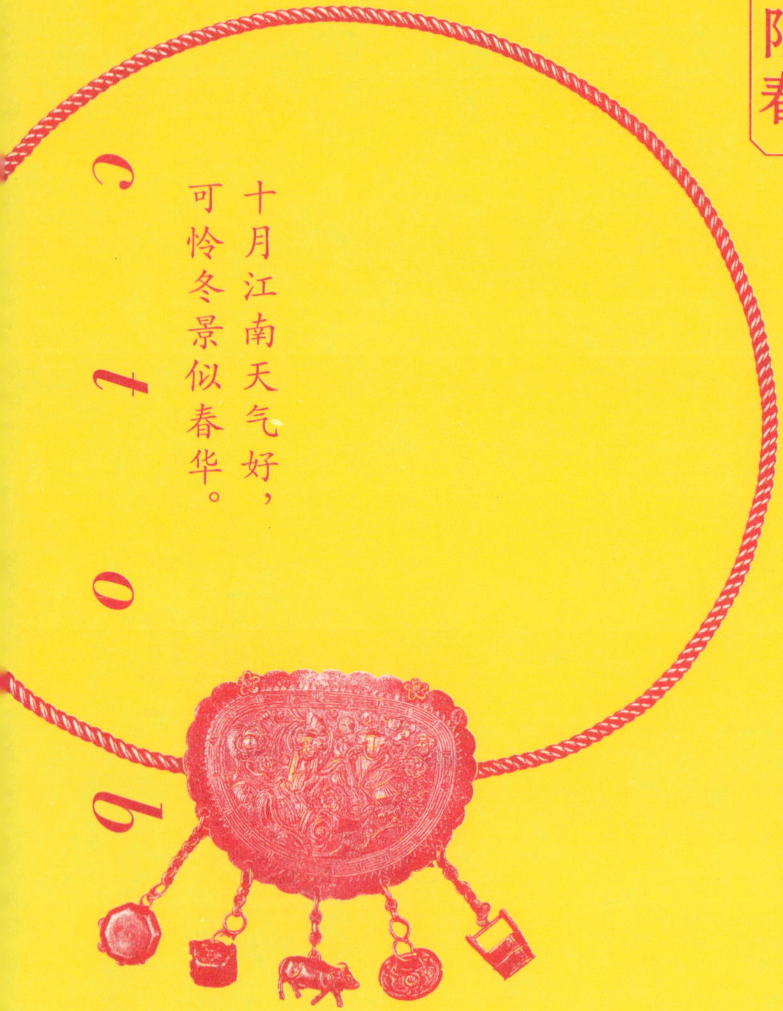

October

十月

◐ ㊐ 日	㊊ 一	㊋ 二	㊌ 三	㊍ 四	㊎ 五	㊏ 六 ◐
	1	2	3	4	5	6
7	8 寒露	9	10	11	12	13
14	15	16	17	18	19	20
21	22	23 霜降	24	25	26	27
28	29	30	31			

月曜

MON OCTOBER

1

·国庆节·

农历八月廿二◆星期一

戊戌年
辛酉月
丙寅日

宜

祭祀 冠笄
拆卸 起基
除服 成服
移柩 安葬
沐浴 捕捉
开光 塑绘
会亲友

忌

作灶
入宅
嫁娶

火曜

TUE OCTOBER

2

农历八月廿三◆星期二

戊戌年
辛酉月
丁卯日

宜

祭祀 沐浴
破屋 坏垣
余事勿取

忌

移徙
入宅
出行
栽种

水曜

3

WED OCTOBER

农历八月廿四◆星期三

戊戌年

辛酉月

戊辰日

忌

造桥
冠笄
造屋
掘井

宜

塑绘
开光
订盟
拆卸
安床
开市
除服

祭祀
出行
解除
嫁娶
起基
入宅
入殓
成服

木曜

4

THU OCTOBER

农历八月廿五◆星期四

戊戌年

辛酉月

己巳日

忌

定磉
安葬

宜

赴任
上梁
塑绘
拆卸
安床
立券

祭祀
动土
开光
冠笄
起基
开市
经络

十月◆老手艺

金曜

5

FRI OCTOBER

农历八月廿六◆星期五

戊戌年
辛酉月
庚午日

忌

移徙
入宅
作灶

宜

嫁娶
纳婿
成服
移柩
入殓
祭祀
裁衣
冠笄
除服
捕捉
会亲友

土曜

6

SAT OCTOBER

农历八月廿七◆星期六

戊戌年
辛酉月
辛未日

忌

入殓
安葬
开市
交易

宜

诸事不宜

杂项　阿福　泥｜　江苏无锡惠山

关于泥人阿福，当地流传着这样一个传说：古时惠山有“四怪”，即毒龙、恶虎、臭鼋和刁马，它们经常伤害人畜，践踏庄稼。后来有个天神化名阿福入山与“四怪”搏斗，“四怪”被除，阿福亦因流血过多而离开人间。人们捏制了他的生前形象，以作纪念。大阿福经过历代艺人的再三创作，栩栩如生，给人以健康、幸福和美好的感受。

曜 日

十月

SUN OCTOBER 2018

七日

戊戌年
辛酉月
壬申日

星期日

农历八月廿八

忌

床
安
开光
开市
交易

宜

祭祀
冠笄
拆卸
起基
入宅
启攒
造仓
安机械
裁衣
嫁娶
动土
移徙
入殓
安葬
经络

杂项 鸟哨 泥 | 湖南

曜 月

MON OCTOBER 2018

十月

寒露

星期一

戊戌年 壬戌月 癸酉日

农历八月廿九

忌

市种产讼门井光
开栽置词安掘开

宜

衣帐行徙殓柩
裁合出移入移

娶笄祀床穴土葬
嫁冠祭安塞破安

·登高·吃芝麻·吃花糕·饮菊花酒·

秋分后十五日，斗指辛，为寒露。言露冷寒而将欲凝结也。

火曜

9

TUE OCTOBER

农历九月初一◆星期二

甲戌日 壬戌月 戊戌年

宜

祭祀 出行
修造 上梁
造屋 安门
安床
造畜稠
教牛马
造车器

忌

开仓
动土
破土
安葬
行丧
伐木
开渠
栽种

水曜

10

WED OCTOBER

农历九月初二◆星期三

乙亥日 壬戌月 戊戌年

宜

祭祀 开光
出行 解除
伐木 作梁
出火 拆卸
入宅 移徙
安床 修造
扫舍
造畜稠

忌

造庙
嫁娶
掘井
栽种
造桥
作灶
动土

木曜

11

THU OCTOBER

农历九月初三◆星期四

戊戌年 壬戌月 丙子日

忌

入宅 上梁 斋醮 出火 谢土

宜

订盟 交易 安床 牧养 移徙 作厕 起基

纳彩 开市 立券 纳畜 问名 解除 入学 会亲友

金曜

12

FRI OCTOBER

农历九月初四◆星期五

戊戌年 壬戌月 丁丑日

忌

嫁娶 开市

宜

祭祀 平治道涂 余事勿取

土曜

13

SAT OCTOBER

农历九月初五◆星期六

戊戌年 壬戌月 戊寅日

宜

捕捉 畋猎

余事勿取

忌

开市

交易

祭祀

入宅

安葬

杂项　喜相逢长命锁　银｜　山西

曜 日

SUN OCTOBER 2018

十月

十四

戊戌年
壬戌月
己卯日

星期日

农历九月初六

忌
开市
破土
掘井
合寿木

宜
纳彩
祭祀
求嗣
开光
出火
移徙
入宅
嫁娶
订盟
祈福
斋醮
安香
造庙
出行

月曜

MON OCTOBER

15

农历九月初七◆星期一

戊戌年 壬戌月 庚辰日

宜

祭祀 沐浴
解除 破屋
坏垣
余事勿取

忌

开市
嫁娶

火曜

TUE OCTOBER

16

农历九月初八◆星期二

戊戌年 壬戌月 辛巳日

宜

订盟 纳彩
交易 立券
纳财 栽种
纳畜 牧养
会亲友

忌

嫁娶
开市
入宅
祈福
安葬

水曜

重阳

WED OCTOBER

农历九月初九◆星期三

戊戌年
壬戌月
壬午日

忌
上梁 开光 造屋 架马 合寿木

宜
订盟 出行 立券 入宅 安葬
嫁娶 祭祀 开市 移徙 破土 纳彩 造车器 会亲友

·登高·饮菊花酒·佩茱萸·

《易经》中把『六』定为阴数，把『九』定为阳数，九月九日，日月并阳，两九相重，故曰重阳，也叫重九。

木曜

18

THU OCTOBER

农历九月初十◆星期四

戊戌年
壬戌月
癸未日

忌
动土 破土 开市 安葬

宜
作灶 捕捉
祭祀 纳财 畋猎 余事勿取

十月◆老手艺

金曜

19

FRI OCTOBER

农历九月十一◆星期五

戊戌年
壬戌月
甲申日

忌
开市
开仓
安床
安门
安葬
出货财

宜
嫁娶 订盟
纳彩 祭祀
祈福 出行
求医 治病
出火 移徙
入宅

土曜

20

SAT OCTOBER

农历九月十二◆星期六

戊戌年
壬戌月
乙酉日

忌
嫁娶
安床
针灸
安葬
会亲友

宜
冠笄 祭祀
沐浴 作灶
扫舍 补垣
塞穴 入殓
破土 理发
整手足甲

杂项　三彩鹅形尊｜河南巩义

曜 日

SUN OCTOBER 2018

十月

廿一

星期日

戊戌年 壬戌月 丙戌日

农历九月十三

忌

造庙 造船 动土 破土 安葬

宜

订盟 祭祀 求嗣 求医 开市 立券 竖柱

纳彩 嫁娶 祈福 置产 治病 交易 移徙 会亲友

月曜

22

MON OCTOBER

农历九月十四◆星期一

戊戌年
壬戌月
丁亥日

宜

解除 冠笄
裁衣 作梁
雕刻 扫舍
开市 移徙
出行
造畜稠
会亲友
造车器

忌

嫁娶
动土
破土
修坟

杂项　动物挂片｜　陕西凤翔

勾墨线花纹，不施彩，独具单纯、简洁的魅力。

曜 火

十月

TUE OCTOBER 2018

霜降

戊戌年 壬戌月 戊子日

星期二

农历九月十五

宜

沐浴 理发
冠笄 安床
开市 立券
交易 纳财
教牛马

忌

移徙
入宅
出行
祈福
嫁娶

·赏菊·吃柿子·拔萝卜·

九月中，气肃而凝，露结为霜矣。

水曜

WED OCTOBER

24

农历九月十六◆星期三

戊戌年 壬戌月 己丑日

宜

祭祀
造畜稠
修饰垣墙
平治道涂
余事勿取

忌

嫁娶
开市
安床
掘井

木曜

THU OCTOBER

25

农历九月十七◆星期四

戊戌年 壬戌月 庚寅日

宜

捕捉 结网
入殓 除服
成服 移柩
破土 安葬
立碑

忌

嫁娶
祭祀
入宅
造屋
移徙

金曜

26

FRI OCTOBER

农历九月十八◆星期五

戊戌年 壬戌月 辛卯日

忌

开光 嫁娶 掘井 伐木 作梁

宜

祭祀 祈福 求嗣 斋醮 造庙 出火 开市 交易 立券 纳财 习艺 经络 求医 安机械 会亲友

土曜

27

SAT OCTOBER

农历九月十九◆星期六

戊戌年 壬戌月 壬辰日

忌

诸事不宜

宜

破屋 坏垣 余事勿取

杂项　熊　铜鎏金鎏银

曜 日

十月

SUN OCTOBER 2018

廿八

星期日

戊戌年 壬戌月 癸巳日

农历九月二十

忌

行福 出祈 葬灶 安作

宜

订盟 纳婿 修造 起基 上梁 纳财

嫁娶 纳彩 拆卸 动土 竖柱 安床 会亲友

十月◆老手艺

月曜

29

MON OCTOBER

农历九月廿一◆星期一

戊戌年 壬戌月 甲午日

忌

开仓 冠笄 伐木 作梁

宜

塑绘 祈福 出行 纳彩 嫁娶 修造 入宅

祭祀 开光 斋醮 订盟 裁衣 拆卸 安床 安香

火曜

30

TUE OCTOBER

农历九月廿二◆星期二

戊戌年 壬戌月 乙未日

忌

种 栽 动土 安葬 开市

宜

作灶 除服 畋猎

祭祀 入殓 成服

水曜

31

WED OCTOBER

农历九月廿三◆星期三

戊戌年 壬戌月 丙申日

宜

祭祀 祈福
斋醮 沐浴
竖柱 订盟
纳彩 嫁娶
拆卸 入宅
移柩 谢土
赴任 出火

忌

作灶
入殓
安葬
安床

日冻

农历十一月

四郊冻合如相约，
七日晴来不肯融。

November

十一月

◐ ㊐ 日	㊊ 一	㊋ 二	㊌ 三	㊍ 四	㊎ 五	㊏ 六 ◐
				1	2	3
4	5	6	7 立冬	8	9	10
11	12	13	14	15	16	17
18	19	20	21	22 小雪	23	24
25	26	27	28	29	30	

十一月◆老手艺

1

木曜

THU NOVEMBER

农历九月廿四◆星期四

戊戌年

壬戌月

丁酉日

忌

动土
上梁

宜

祭祀
破土
嫁娶
入殓
安葬
安机械

2

金曜

FRI NOVEMBER

农历九月廿五◆星期五

戊戌年

壬戌月

戊戌日

忌

行丧
安葬

宜

作灶
造畜稠

土曜

3

SAT NOVEMBER

农历九月廿六◆星期六

戊戌年

壬戌月

己亥日

宜

沐浴 理发

入学 习艺

进人口

忌

嫁娶

入宅

杂项　母子猴　泥｜　山东高密

曜 日

SUN NOVEMBER 2018

十一月

四日

星期日

戊戌年
壬戌月
庚子日

农历九月廿七

忌
开市
动土
破土

宜
开光 针灸
安葬
会亲友

十一月◆老手艺

月曜

5

MON NOVEMBER

农历九月廿八◆星期一

戊戌年
壬戌月
辛丑日

宜

结网 祭祀
造畜稠

忌

余事勿取

火曜

6

TUE NOVEMBER

农历九月廿九◆星期二

戊戌年
壬戌月
壬寅日

宜

除服 成服
移柩 破土
安葬 入殓

忌

移徙

杂项　剔彩风调雨顺菱花式盘　木

水 曜

WEN NOVEMBER 2018

十一月

立冬

星期三

戊戌年 癸亥月 癸卯日

农历九月三十

忌

置产 掘井 词讼 栽种

宜

纳彩 祭祀 开光 出火 纳财 动土

嫁娶 订盟 斋醮 安香 出行 拆卸 祈福 进人口

·问苗·补冬·吃饺子·探宝·

立，建始也。冬，终也，万物收藏也！

十一月◆老手艺

·烧包袱·吃红豆饭·

『寒衣节』，相传起源于周代，时间定为每年农历十月初一，特别注重祭奠先亡之人，谓之送寒衣。寒衣节标志着严冬的到来，也是父母爱人等为所关心的人送御寒衣物的日子。

木曜

寒衣

THU NOVEMBER

农历十月初一◆星期四

戊戌年
癸亥月
甲辰日

忌

土破
土动
门安
灶作
市开
易交

宜

彩纳
祀祭
行出
木伐
宅入
卸拆
种栽

娶嫁
盟订
光开
除解
火出
徙移
造修
葬安

金曜

9

FRI NOVEMBER

农历十月初二◆星期五

戊戌年
癸亥月
乙巳日

忌

嫁娶
安葬

宜

祭祀
破屋
求医
余事

解除
坏垣
治病
勿取

土曜

10

SAT NOVEMBER

农历十月初三◆星期六

戊戌年

癸亥月

丙午日

宜

祭祀 扫舍
破土 安葬
除服 成服
移柩 入殓
立碑
余事勿取

忌

嫁娶
入宅
修造
动土

杂项　缠枝莲纹石榴式水丞　瓷

曜 日

SUN NOVEMBER 2018

十一月

十一

戊戌年
癸亥月
丁未日

星期日

农历十月初四

忌

嫁娶
移徙
出火
开市
入宅

宜

纳彩
祈福
动土
安葬
订盟
祭祀
修造
破土
安机械
会亲友

月曜

12

MON NOVEMBER

农历十月初五◆星期一

戊戌年 癸亥月 戊申日

宜

祭祀 沐浴 捕捉 畋猎 结网 扫舍

忌

嫁娶 纳彩 订盟 安床 动土 破土 安葬

火曜

13

TUE NOVEMBER

农历十月初六◆星期二

戊戌年 癸亥月 己酉日

宜

开市 纳财 出行 祭祀 祈福 求嗣 斋醮 问名 入学 起基 定磉 置产 开渠 掘井 拆卸

忌

移徙 入宅 出火 入殓 安葬

水曜

14

WED NOVEMBER

农历十月初七◆星期三

戊戌年
癸亥月
庚戌日

忌

嫁娶 入宅 安床 掘井 开光

宜

理发 塞穴 成服 入殓 安葬
祭祀 置产 除服 移柩 破土

木曜

15

THU NOVEMBER

农历十月初八◆星期四

戊戌年
癸亥月
辛亥日

忌

开市 动土 破土 行丧 安葬

宜

祭祀 沐浴
出行
余事勿取

十一月 ◆ 老手艺

金曜

16

FRI NOVEMBER

农历十月初九◆星期五

戊戌年
癸亥月
壬子日

忌

开市
纳彩
造庙
安床
开渠
安葬

宜

嫁娶 出行
移徙 入宅
修造 动土
雕刻 开光
安香 出火
理发 造屋
造车器
会亲友

土曜

17

SAT NOVEMBER

农历十月初十◆星期六

戊戌年
癸亥月
癸丑日

忌

嫁娶
开市
祈福
斋醮
安葬

宜

塞穴 结网
裁衣 经络
塑绘
会亲友
安机械

杂项　狗圈　瓷

曜 日

十一月

SUN NOVEMBER 2018

十八

星期日

戊戌年 癸亥月 甲寅日

农历十月十一

忌

开仓 造屋 造桥 祭祀

宜

徙市 移开 券立 宅入 土动 基起 庙造

彩纳 财纳 交易 安香 修造 竖柱 定磉

十一月◆老手艺

月曜

19

MON NOVEMBER

农历十月十二◆星期一

戊戌年
癸亥月
乙卯日

忌

嫁娶
安葬
掘井
置产
造船

宜

纳彩
开市
祭祀
移徙
出行
起基
订盟
纳财
立券
祈福
入宅
造屋
竖柱

火曜

20

TUE NOVEMBER

农历十月十三◆星期二

戊戌年
癸亥月
丙辰日

忌

开市
造庙
动土
破土

宜

订盟
祭祀
塑绘
移徙
伐木
捕捉
结网
嫁娶
纳彩
祈福
开光
安床
作梁
畋猎
求医

水曜

21

WED NOVEMBER

农历十月十四◆星期三

戊戌年
癸亥月
丁巳日

宜

破屋 坏垣
祭祀
余事勿取

忌

嫁娶
安葬

杂项　叫狮　泥｜　山东高密

曜 木

THU NOVEMBER 2018

十一月

小雪

戊戌年 癸亥月 戊午日

星期四

农历十月十五

宜

嫁娶 纳彩 订盟 祭祀 冠笄 裁衣 伐木 作梁 架马 定磉 作灶 移徙 安床 畋猎 开柱眼

忌

造屋 造船 动土 破土

· 腌腊肉 · 吃糍粑 · 晒鱼干 · 吃刨汤 ·

十月中，雨下而为寒气所薄，故凝而为雪。小者未盛之辞。

十一月◆老手艺

金曜

23

FRI NOVEMBER

农历十月十六◆星期五

戊戌年
癸亥月
己未日

忌

嫁娶
开市
入宅
出火
移徙

宜

订盟
祈福
斋醮
起基
入学
交易
经络

纳彩
祭祀
求嗣
开光
解除
纳财
立券
会亲友

土曜

24

SAT NOVEMBER

农历十月十七◆星期六

戊戌年
癸亥月
庚申日

忌

安床
安门
破土
修坟
安葬

宜

畋猎
入殓
成服

捕捉
解除
除服
移柩
会亲友
余事勿取

杂项　鱼形泥哨　泥｜　贵州

哨的造型注重动物头部特征，强调神似形略、夸张变形的艺术风格。哨体下部均留有回气孔，能吹响。

日 曜

SUN NOVEMBER 2018

十一月

廿五

星期日

戊戌年 癸亥月 辛酉日

农历十月十八

忌

徙宅
移入
门梁
安作
葬安

宜

福祈
醮斋
笄冠
发理
除解
土动
池开

祀祭
嗣求
浴沐
行出
卸拆
基起
礎定

月曜

MON NOVEMBER

26

农历十月十九◆星期一

戊戌年
癸亥月
壬戌日

宜

嫁娶 冠笄
安床 纳彩
塞穴 捕捉
置产
造畜稠
会亲友

忌

开光
掘井
安葬
谢土
修坟

火曜

TUE NOVEMBER

27

农历十月二十◆星期二

戊戌年
癸亥月
癸亥日

宜

祭祀 沐浴
余事勿取

忌

诸事不宜

水曜

28

WED NOVEMBER

农历十月廿一◆星期三

戊戌年
癸亥月
甲子日

忌
入宅
作灶
安床
开仓

宜
除服
沐浴
动土
开光
出行
纳彩
入殓
祭祀
嫁娶
修造
祈福
塑绘
订盟
裁衣
会亲友

木曜

29

THU NOVEMBER

农历十月廿二◆星期四

戊戌年
癸亥月
乙丑日

忌
嫁娶
入宅
安门
移徙

宜
结网
塞穴
理发
补垣
会亲友

金曜

30

FRI NOVEMBER

农历十月廿三◆星期五

戊戌年
癸亥月
丙寅日

宜

祭祀 祈福
订盟 纳彩
裁衣 拆卸
修造 动土
起基 安床
移徙 入宅
安香 除服
成服

忌

作灶
治病
伐木
作梁

嘉平

农历十二月

嘉平至孟陬，
丽谯春再颁。

December

十二月

◐ ㊐ ㊊ ㊋ ㊌ ㊍ ㊎ ㊏ ◐

日	一	二	三	四	五	六
						1
2	3	4	5	6	7 大雪	8
9	10	11	12	13	14	15
16	17	18	19	20	21	22 冬至
23	24	25	26	27	28	29
30	31					

土曜

1

SAT DECEMBER

农历十月廿四◆星期六

戊戌年

癸亥月

丁卯日

忌

作灶 治病

宜

祭祀 订盟 裁衣 修造 起基 移徙 安香 移柩 祈福 纳彩 拆卸 动土 安床 入宅 入殓

杂项　麦秸羊｜　陕西

曜 日

十二月

SUN DECEMBER 2018

二日

星期日

戊戌年 癸亥月 戊辰日

农历十月廿五

忌

开市 交易 破土 作灶

宜

祭祀 开光 订盟 安床 入殓 除服 安葬 进人口

塑绘 嫁娶 纳彩 立碑 移柩 成服

月曜

MON DECEMBER

3

农历十月廿六◆星期一

戊戌年

癸亥月

己巳日

宜

祭祀 解除
破屋 坏垣
余事勿取

忌

诸事不宜

火曜

TUE DECEMBER

4

农历十月廿七◆星期二

戊戌年

癸亥月

庚午日

宜

祭祀 解除
祈福 开光
塑绘 斋醮
订盟 纳彩
冠笄 修造
裁衣 拆卸
动土 入殓
除服

忌

造屋
治病

水曜

5

WED DECEMBER

农历十月廿八◆星期三

戊戌年
癸亥月
辛未日

忌

嫁娶
入宅
治病
赴任

宜

祭祀 祈福
订盟 纳彩
合帐 裁衣
冠笄 安床
入殓 移柩
安葬 谢土
造畜稠
安机械

木曜

6

THU DECEMBER

农历十月廿九◆星期四

戊戌年
癸亥月
壬申日

忌

诸事不宜

宜

沐浴 扫舍
余事勿取

杂项 龙纹梅瓶 瓷

曜 金

FRI DECEMBER 2018

十二月

大雪

戊戌年
甲子月
癸酉日

星期五

农历冬月初一

忌
安葬 入宅 移徙 安床 开市 行丧 出火 作灶 安门 会亲友

宜
沐浴 纳财 扫舍 结网 祭祀 理发 栽种 畋猎 捕捉 进人口

·腌肉·观赏封河·进补·

十一月节，大者盛也，至此而雪盛矣。

土曜

8

SAT DECEMBER

农历冬月初二◆星期六

戊戌年

甲子月

甲戌日

宜

纳彩 订盟 祭祀 祈福 求嗣 塑绘 解除 拆卸 修造 动土 竖柱 上梁 安门 置产 开池

忌

嫁娶 开市 出火 入殓 赴任 入宅 移徙 出行 安葬

杂项　圆雕双犬钮印章　竹

曜 日

SUN DECEMBER 2018

十二月

九日

星期日

戊戌年 甲子月 乙亥日

农历冬月初三

忌

嫁娶 开市 安床 栽种 安葬 祈福 开光 掘井

宜

移徙 入宅 动土 修造 上梁 起基 造仓 安门 补垣 出行 塞穴 造畜稠 进人口

月曜

10

MON DECEMBER

农历冬月初四◆星期一

戊戌年 甲子月 丙子日

宜

祠马 畜牛 造教

忌

徙灶 移作 安香 嫁娶 扫舍

入宅 分居 出火 动土 掘井 造桥

火曜

11

TUE DECEMBER

农历冬月初五◆星期二

戊戌年 甲子月 丁丑日

宜

订盟 纳彩 祭祀 祈福 出行 安香 修造 动土 上梁 开市 交易 立券 移徙 入宅 造车器

忌

破土 安葬 行丧 开生坟

水曜

12

WED DECEMBER

农历冬月初六◆星期三

戊戌年 甲子月 戊寅日

宜

订盟 纳彩
开光 修造
动土 竖柱
上梁 造屋
起基 造桥
栽种 纳畜
会亲友
安机械

忌

祈福
出火
嫁娶
入宅
开市
动土
破土

木曜

13

THU DECEMBER

农历冬月初七◆星期四

戊戌年 甲子月 己卯日

宜

祭祀 成服
修坟 除服
平治道涂
余事勿取

忌

移徙
入宅
嫁娶
掘井
安葬

十二月◆老手艺

金曜

14

FRI DECEMBER

农历冬月初八◆星期五

戊戌年
甲子月
庚辰日

忌

开市 纳彩 订盟 作灶 造庙 造船 经络

宜

冠笄 祈福 雕刻 安香 入学 动土 上梁
嫁娶 祭祀 求嗣 开光 出行 修造 竖柱 造屋

土曜

15

SAT DECEMBER

农历冬月初九◆星期六

戊戌年
甲子月
辛巳日

忌

出行 掘井 破土 行丧 安葬

宜

订盟 祭祀 求嗣 安香 修造 造屋 安门
嫁娶 纳彩 祈福 斋醮 出火 起基 合脊

杂项　开山小将傩戏面具　竹木 | 　湖南吉首

至今还流存于我国湖南西部和贵州东南地区的傩戏、傩舞，可说是古代楚人祭祀歌舞的遗存。傩戏、傩舞以祭祀神灵、驱逐鬼疫为目的。傩面具既是巫术工具，又是雕刻和绘画完美结合的民间工艺品。

曜 日

十二月

SUN DECEMBER 2018

十六

星期日

戊戌年
甲子月
壬午日

农历冬月初十

忌

嫁娶 移徙 入宅 探病 出行 造屋

宜

祭祀 沐浴 破屋 坏垣 余事勿取

杂项　野猪　泥

民间美术中夸张的造型意识，起源于原始美术，原始美术中有许多夸张造型，是万物有灵观念的物化形象，渗透着超自然的对神灵的幻想。这类艺术品有意识地通过超越自然的物质形态的奇特造型来增添它的神性与灵气。

月 曜

十二月

MON DECEMBER 2018

十七

星期一

戊戌年
甲子月
癸未日

农历冬月十一

忌

安门 动土 破土 行丧 安葬 成服

宜

纳财 开池 安床 立券 结网 放水
冠笄 掘井 出火 交易 畋猎 理发

火曜

18

TUE DECEMBER

农历冬月十二◆星期二

戊戌年 甲子月 甲申日

宜

纳彩 订盟
移徙 入宅
祭祀 祈福
斋醮 开光
安香 出火
解除 求医
出行
会亲友

忌

嫁娶
动土
安床
造桥
掘井

水曜

19

WED DECEMBER

农历冬月十三◆星期三

戊戌年 甲子月 乙酉日

宜

祭祀 沐浴
作灶 纳财
捕捉 畋猎
安床 扫舍

忌

开市
斋醮
破土
安葬

木曜

20

THU DECEMBER

农历冬月十四◆星期四

戊戌年
甲子月
丙戌日

忌

移徙 开市 入宅 安葬

宜

祈福 斋醮 纳彩 订盟 解除 架马 修造 动土 起基 上梁 归岫 造屋 合脊 掘井 开柱眼

金曜

21

FRI DECEMBER

农历冬月十五◆星期五

戊戌年
甲子月
丁亥日

忌

嫁娶 祈福 开光 掘井 安葬 行丧

宜

纳彩 订盟 祭祀 沐浴 冠笄 合帐 裁衣 修造 动土 拆卸 移徙 入宅 安门 开仓 筑堤

杂项　蛙形陶罐　陶瓷

土曜

十二月

SAT DECEMBER 2018

冬至

戊戌年 甲子月 戊子日

星期六

农历冬月十六

忌

入宅 动土 破土 嫁娶 作灶 造船

宜

合帐 裁衣 教牛马 余事勿取

阴极之至，阳气始生，日南至，日短之至，日影长之至，故曰冬至。

·祭祀·吃水饺·

杂项　葵花形海兽葡萄镜　铜

日曜

SUN DECEMBER 2018

十二月

廿三

星期日

戊戌年 甲子月 己丑日

农历冬月十七

宜

纳彩 嫁娶 祈福 出火 经络 治病 拆卸 会亲友

订盟 祭祀 安香 出行 求医 解除 起基

忌

斋醮 作梁 行丧 安葬

月曜

MON DECEMBER

24

农历冬月十八◆星期一

戊戌年 甲子月 庚寅日

宜

纳财 开市 交易 立券 经络 祭祀 祈福 安香 出火 求医 治病 修造 动土 会亲友 进人口

忌

嫁娶 移徙 入宅

·平安夜·

火曜

TUE DECEMBER

25

农历冬月十九◆星期二

戊戌年 甲子月 辛卯日

宜

祭祀 入殓 移柩 余事勿取

忌

入宅 修造 动土 破土 安门 上梁

·圣诞节·

水曜

26

WED DECEMBER

农历冬月二十◆星期三

戊戌年 甲子月 壬辰日

忌

掘井 伐木 斋醮 作灶

宜

开光 纳彩 冠笄 修造 入宅 安葬 赴任 塑绘 订盟 裁衣 拆卸 安床 出火 谢土

木曜

27

THU DECEMBER

农历冬月廿一◆星期四

戊戌年 甲子月 癸巳日

忌

出行 安葬 修坟 开市

宜

塑绘 裁衣 冠笄 拆卸 动土 上梁 入宅 祭祀 开光 嫁娶 纳彩 修造 竖柱 移徙 安床

十二月 ◆ 老手艺

金曜

28

FRI DECEMBER

农历冬月廿二◆星期五

戊戌年
甲子月
甲午日

宜

祭祀 求医
破屋 坏垣
余事勿取

忌

诸事不宜

土曜

29

SAT DECEMBER

农历冬月廿三◆星期六

戊戌年
甲子月
乙未日

宜

祭祀 祈福
斋醮 出行
移徙 冠笄
入宅 安香
安床 除服
成服 移柩
安机械

忌

开光
栽种
治病
安门
作灶

杂项　圆形福字长命锁　银 ｜ 山西

项圈为实心素圈，无丝毫多余的图案和纹饰，扣牌为圆形，“福”字周围有四个寿桃和四个盘长纹，之间用简洁而随意的线条分隔开来，线条又被饰为花草的枝蔓，简单而素雅。

曜 日

十二月

SUN DECEMBER 2018

三十

星期日

戊戌年 甲子月 丙申日

农历冬月廿四

忌

一

宜

醮斋 造修 船造 服除 柩移

绘塑 除解 徙移 殓入 服成

月曜

MON DECEMBER

31

农历冬月廿五◆星期一

戊戌年 甲子月 丁酉日

宜

祭祀 沐浴
安床 纳财
畋猎 捕捉

忌

开市
破土

二〇一八

戊戌年

狗年

一月

日	一	二	三	四	五	六
	1	2	3	4	5	6
7	8	9	10	11	12	13
14	15	16	17	18	19	20
21	22	23	24	25	26	27
28	29	30	31			

二月

日	一	二	三	四	五	六
				1	2	3
4	5	6	7	8	9	10
11	12	13	14	15	16	17
18	19	20	21	22	23	24
25	26	27	28			

三月

日	一	二	三	四	五	六
				1	2	3
4	5	6	7	8	9	10
11	12	13	14	15	16	17
18	19	20	21	22	23	24
25	26	27	28	29	30	31

四月

日	一	二	三	四	五	六
1	2	3	4	5	6	7
8	9	10	11	12	13	14
15	16	17	18	19	20	21
22	23	24	25	26	27	28
29	30					

五月

日	一	二	三	四	五	六
		1	2	3	4	5
6	7	8	9	10	11	12
13	14	15	16	17	18	19
20	21	22	23	24	25	26
27	28	29	30	31		

六月

日	一	二	三	四	五	六
					1	2
3	4	5	6	7	8	9
10	11	12	13	14	15	16
17	18	19	20	21	22	23
24	25	26	27	28	29	30

七月

日	一	二	三	四	五	六
1	2	3	4	5	6	7
8	9	10	11	12	13	14
15	16	17	18	19	20	21
22	23	24	25	26	27	28
29	30	31				

八月

日	一	二	三	四	五	六
			1	2	3	4
5	6	7	8	9	10	11
12	13	14	15	16	17	18
19	20	21	22	23	24	25
26	27	28	29	30	31	

九月

日	一	二	三	四	五	六
						1
2	3	4	5	6	7	8
9	10	11	12	13	14	15
16	17	18	19	20	21	22
23	24	25	26	27	28	29
30						

十月

日	一	二	三	四	五	六
	1	2	3	4	5	6
7	8	9	10	11	12	13
14	15	16	17	18	19	20
21	22	23	24	25	26	27
28	29	30	31			

十一月

日	一	二	三	四	五	六
				1	2	3
4	5	6	7	8	9	10
11	12	13	14	15	16	17
18	19	20	21	22	23	24
25	26	27	28	29	30	

十二月

日	一	二	三	四	五	六
						1
2	3	4	5	6	7	8
9	10	11	12	13	14	15
16	17	18	19	20	21	22
23	24	25	26	27	28	29
30	31					

二〇一九 己亥年 猪年

一月

日	一	二	三	四	五	六
		1	2	3	4	5
6	7	8	9	10	11	12
13	14	15	16	17	18	19
20	21	22	23	24	25	26
27	28	29	30	31		

二月

日	一	二	三	四	五	六
					1	2
3	4	5	6	7	8	9
10	11	12	13	14	15	16
17	18	19	20	21	22	23
24	25	26	27	28		

三月

日	一	二	三	四	五	六
					1	2
3	4	5	6	7	8	9
10	11	12	13	14	15	16
17	18	19	20	21	22	23
24	25	26	27	28	29	30
31						

四月

日	一	二	三	四	五	六
	1	2	3	4	5	6
7	8	9	10	11	12	13
14	15	16	17	18	19	20
21	22	23	24	25	26	27
28	29	30				

五月

日	一	二	三	四	五	六
			1	2	3	4
5	6	7	8	9	10	11
12	13	14	15	16	17	18
19	20	21	22	23	24	25
26	27	28	29	30	31	

六月

日	一	二	三	四	五	六
						1
2	3	4	5	6	7	8
9	10	11	12	13	14	15
16	17	18	19	20	21	22
23	24	25	26	27	28	29
30						

七月

日	一	二	三	四	五	六
	1	2	3	4	5	6
7	8	9	10	11	12	13
14	15	16	17	18	19	20
21	22	23	24	25	26	27
28	29	30	31			

八月

日	一	二	三	四	五	六
				1	2	3
4	5	6	7	8	9	10
11	12	13	14	15	16	17
18	19	20	21	22	23	24
25	26	27	28	29	30	31

九月

日	一	二	三	四	五	六
1	2	3	4	5	6	7
8	9	10	11	12	13	14
15	16	17	18	19	20	21
22	23	24	25	26	27	28
29	30					

十月

日	一	二	三	四	五	六
		1	2	3	4	5
6	7	8	9	10	11	12
13	14	15	16	17	18	19
20	21	22	23	24	25	26
27	28	29	30	31		

十一月

日	一	二	三	四	五	六
					1	2
3	4	5	6	7	8	9
10	11	12	13	14	15	16
17	18	19	20	21	22	23
24	25	26	27	28	29	30

十二月

日	一	二	三	四	五	六
1	2	3	4	5	6	7
8	9	10	11	12	13	14
15	16	17	18	19	20	21
22	23	24	25	26	27	28
29	30	31				

二〇二〇

庚子年

鼠年

一月

日	一	二	三	四	五	六
			1	2	3	4
5	6	7	8	9	10	11
12	13	14	15	16	17	18
19	20	21	22	23	24	25
26	27	28	29	30	31	

二月

日	一	二	三	四	五	六
						1
2	3	4	5	6	7	8
9	10	11	12	13	14	15
16	17	18	19	20	21	22
23	24	25	26	27	28	29

三月

日	一	二	三	四	五	六
1	2	3	4	5	6	7
8	9	10	11	12	13	14
15	16	17	18	19	20	21
22	23	24	25	26	27	28
29	30	31				

四月

日	一	二	三	四	五	六
			1	2	3	4
5	6	7	8	9	10	11
12	13	14	15	16	17	18
19	20	21	22	23	24	25
26	27	28	29	30		

五月

日	一	二	三	四	五	六
					1	2
3	4	5	6	7	8	9
10	11	12	13	14	15	16
17	18	19	20	21	22	23
24	25	26	27	28	29	30
31						

六月

日	一	二	三	四	五	六
	1	2	3	4	5	6
7	8	9	10	11	12	13
14	15	16	17	18	19	20
21	22	23	24	25	26	27
28	29	30				

七月

日	一	二	三	四	五	六
			1	2	3	4
5	6	7	8	9	10	11
12	13	14	15	16	17	18
19	20	21	22	23	24	25
26	27	28	29	30	31	

八月

日	一	二	三	四	五	六
						1
2	3	4	5	6	7	8
9	10	11	12	13	14	15
16	17	18	19	20	21	22
23	24	25	26	27	28	29
30	31					

九月

日	一	二	三	四	五	六
		1	2	3	4	5
6	7	8	9	10	11	12
13	14	15	16	17	18	19
20	21	22	23	24	25	26
27	28	29	30			

十月

日	一	二	三	四	五	六
				1	2	3
4	5	6	7	8	9	10
11	12	13	14	15	16	17
18	19	20	21	22	23	24
25	26	27	28	29	30	31

十一月

日	一	二	三	四	五	六
1	2	3	4	5	6	7
8	9	10	11	12	13	14
15	16	17	18	19	20	21
22	23	24	25	26	27	28
29	30					

十二月

日	一	二	三	四	五	六
		1	2	3	4	5
6	7	8	9	10	11	12
13	14	15	16	17	18	19
20	21	22	23	24	25	26
27	28	29	30	31		

图书在版编目（C I P）数据

一日一历·老手艺 / 左汉中主编 . — 长沙 : 湖南美术出版社 , 2017.10
ISBN 978-7-5356-7902-4

Ⅰ . ①一 … Ⅱ . ①左 … Ⅲ . ①历书－中国－ 2017 ②民间美术－介绍－中国 Ⅳ . ① P195.2 ② J528

中国版本图书馆 CIP 数据核字 (2016) 第 220424 号

出版人：李小山
主编：左汉中
责任编辑：郭煦
特约编辑：何流　姜羽
责任校对：伍兰
装帧设计：贾弋　赵燕　周慧颖

出版发行：湖南美术出版社
长沙市雨花区东二环一段 622 号 410016
经销：湖南省新华书店

印刷：长沙湘诚印刷有限公司
开本：889mm×1194 mm　1/32
印张：14
版次：2017 年 10 月第 1 版
印次：2017 年 10 月第 1 次印刷
书号：ISBN 978-7-5356-7902-4
定价：78.00 元

湖南美术出版社

一日一历 · 老手艺
YI RI YI LI · LAO SHOU YI

二〇一八